U0318904

辫群密码体制的设计与分析

王励成　著

科学出版社

北京

内 容 简 介

本书围绕最有影响力的非交换密码系统之一——辫群密码体制的设计与分析展开研究,重点分析求解辫群共轭搜索问题的计算复杂度,设计可证明安全的辫群比特承诺协议及若干辫群数字签名方案等,并研究基于辫群的自分配系统及其相应的密码构造问题。

本书可供密码学方向的研究生或相关工程技术人员参考。

图书在版编目(CIP)数据

辫群密码体制的设计与分析/王励成著. —北京:科学出版社,2017.9
ISBN 978-7-03-054570-1

Ⅰ. ①辫⋯ Ⅱ. ①王⋯ Ⅲ. ①密码算法 Ⅳ. ①TN918.1

中国版本图书馆 CIP 数据核字 (2017) 第 234166 号

责任编辑:王 哲 霍明亮/责任校对:郭瑞芝
责任印制:张 倩/封面设计:迷底书装

科 学 出 版 社 出版
北京东黄城根北街 16 号
邮政编码:100717
http://www.sciencep.com

新科印刷有限公司 印刷
科学出版社发行 各地新华书店经销
*
2017 年 9 月第 一 版 开本:720×1000 1/16
2017 年 9 月第一次印刷 印张:8 3/4
字数:164 000
定价:**55.00 元**
(如有印装质量问题,我社负责调换)

前　　言

　　RSA (Rivest-Shamir-Adleman) 和椭圆曲线密码系统 (elliptic curve cryptosystems, ECC) 是目前使用最为广泛的两类公钥密码系统, 它们均以某个交换代数结构作为工作平台, 其安全性基础是相应交换代数结构上的某类难题假设。例如, RSA 密码系统假设整数分解问题是困难的, ECC 密码系统假设椭圆曲线离散对数问题是困难的。然而, 随着量子计算的发展, 基于这些交换代数结构的难题假设不再成立。1994 年, Shor 提出了求解整数分解问题和离散对数问题的量子算法; 2003 年, Shor 的量子算法被 Proos 和 Zalka 推广到椭圆曲线上, 得到了求解椭圆曲线离散对数问题的量子算法。这些量子算法无论是从其时间复杂度 (包括量子操作及附加的经典计算的时间复杂度) 来看, 还是从其空间复杂度 (包括所需的量子位数和附加的经典计算的空间复杂度) 来看, 都是很高效的, 这些进展对目前仍在广泛使用的公钥密码系统的安全性带来了严重威胁。事实上, 密码学家甚至早在 Shor 的量子算法出现之前就已经开始探索新的具有抵抗量子算法攻击潜力的密码。一方面, 提出了量子密码、混沌密码、生物密码或 DNA 密码等概念, 这些密码系统的安全性直接依赖于特定的物理学或生物学原理, 而不再依赖于某个数学难题, 因而可以称为"非数学密码"; 另一方面, 继续探索新型的数学密码, 特别是那些既能抵抗量子算法攻击, 又能在目前广泛使用的电子计算机上实现的密码。目前, 密码界将这类数学密码称为后量子密码 (post-quantum cryptography)。例如, 基于格的密码、基于多变量的密码、基于哈希 (Hash) 的密码、基于编码的密码等。

　　非交换密码也正在努力跻身于后量子密码的行列。非交换密码 (non-commutative cryptography, NCC) 是基于非交换代数结构的密码的简称。首先, 从抵抗量子攻击能力上, 非交换密码有望做到更高的强度。有几类数学问题当从交换代数结构中过渡到非交换代数结构中时, 其求解难度显著增加。特别是, 从量子算法的典型框架 —— 隐藏子群问题 (hidden subgroup problem, HSP) 的角度看, 目前已经知道如何设计高效的量子算法来求解任意交换群中的隐藏子群问题, 但是对于非交换群上的隐藏子群问题, 量子求解算法方面的进展还十分有限, 有些结果甚至是否定的。其次, 密码学研究的数学平台从"交换"拓广到"非交换"是量子计算、组合群论、计算复杂性理论发展到一定阶段后多学科交叉的产物, 这种拓广有着深刻的背景和丰富的内涵。从平台选择上, 非交换密码拓展了密码学研究的领地。非交换代数结构中有大量的难解问题, 为探索新型公钥密码提供了丰富的可供"挖掘"的"矿藏"。在非交换密码研究中, 数论、组合群论、代数表示论、拓扑学甚至范畴

论等方面的专家都可以大显身手。菲尔茨奖得主 Atiyah 曾将引入非交换性比喻为
"20 世纪代数研究的面包和黄油"。我国著名密码学家曹珍富教授也期待引入非交
换性能够成为 "21 世纪密码学研究的面包和黄油"。

辫群密码是最有影响力的非交换密码系统之一。自从 Ko 等于 2000 年在美国
密码会议上提出完整的基于辫群的公钥密码系统以来，基于辫群的公钥密码系统
的发展虽然经历了不少曲折，但目前仍然是公钥密码学研究领域中十分活跃的主
题之一。近年来，算法研究方面的进展对辫群密码系统的基础假设 —— 共轭搜索
问题困难性假设提出了质疑，但是并未形成任何定论。另外，已经发表的基于辫群
的公钥密码方案，具有可证明安全模型者甚少；即使那些底层难题最终被证明是
困难的，现有的基于辫群的密码方案也不具备人们所期望的安全属性。因此，本书
研究的重点是：其一，分析目前已经发表的典型的求解共轭搜索问题 (conjugator
search problem, CSP) 的方法的计算复杂度；其二，研究基于辫群的数字签名体制，
设计可证明具有 EUF-CMA(existentially unforgeable under adaptive chosen message
attacks) 安全性 (即在自适应选择消息攻击下存在性不可伪造) 的新的签名体制；其
三，研究并设计基于自分配系统的密码体制。

本书主要章节安排如下。第 1 章概括性地介绍公钥密码学的发展历史及量子
攻击，并从抵抗量子攻击的角度引入本书主题 —— 辫群密码，进而介绍辫群密码
系统早期的发展概况和存在的问题。在第 2 章，为求解辫群 CSP 问题的各个典
型方法提供具体的算法描述和详细的复杂性分析，指出超级顶点集 (super summit
subset, SSS)、极端顶点集 (ultra summit subset, USS) 和 U-轨道之间的关系，并对
USS 方法所宣称的高效性提出质疑。我们的结论是：目前发表的求解辫群 CSP 问
题的方法还没有一个能够被证明是可以在多项式时间内完成的。另外，澄清了一些
人关于辫群 CSP 难解性和群的小消去条件之间的关系的一个误解。在第 3 章，基
于辫群 CSP 困难性假设，设计两个基于辫群的比特承诺方案：一个是标准的比特
承诺方案；另一个是推广的非平衡的比特承诺方案。基于辫群实现比特承诺协议有
着计算效率和安全性级别两方面的优势。第 4 章主要是围绕辫群数字签名体制的
一些工作。首先，提出辫群上的密码学新问题 —— 多一匹配共轭问题，并且基于该
问题的困难性假设，对 Ko 等提出的基于辫群的签名体制给出了新的安全性归约，
首次证明了一个基于辫群的签名体制具有 EUF-CMA 安全性。其次，提出辫群上
的另外一个密码学新问题 —— 共轭连接问题，并且基于该问题的困难性假设，设
计了新的基于辫群的数字签名体制。新体制也被证明具有 EUF-CMA 安全性。最
后，分别给出了基于辫群的传递数字签名体制和盲签名体制。在第 5 章，设计多个
基于自分配系统的密码体制。这是首次系统地从密码设计的角度对自分配系统进
行的考察。首先，设计基于 1-型左自分配 (left self-distributive, LD1) 系统的数字
签名方案、基于 1-型中自分配 (central self-distributive, CD1) 系统的数字签名方案

和具有部分变色龙属性的哈希函数。其次，提出其他 14 种形式的自分配系统，包括 2-型左自分配 (LD2) 系统、3-型左自分配 (LD3) 系统、4-型左自分配 (LD4) 系统、CD2、CD3、CD4、1-型右自分配 (right self-distributive, RD1) 系统、RD2、RD3、RD4、1-型双边自分配 (bilateral self-distributive, BD1) 系统、BD2、BD3 和 BD4 等。进而，设计基于 2-型中自分配 (CD2) 系统的数字签名方案和基于 1-型右自分配 (RD1) 系统的数字签名方案与认证方案。在第 6 章，作者对辫群密码发展所面临的一些问题以及非交换密码一些新的方向提出一些思考。

　　本书以作者的博士论文为基础，新增辫群密码近十年的发展和作者近十年来的一些成果，整理而成。因此，本书首先饱含着导师曹珍富教授的辛勤指导和谆谆教诲。记得在我刚完成博士开题答辩的那个中午，当我从食堂返回到实验室时，发现曹老师还没有去吃中饭，他一直在等着告诉我关于"如何解决辫群运算单一对密码构造制约性问题"的突发灵感 —— 这就是我们后来提出的 Z 模方法。这类场景举不胜举。曹老师对于科学研究的热情，一直鼓励着我坚持钻研辫群密码和非交换密码这类目前还比较偏冷的课题。我的研究也得益于上海交通大学可信任数字技术实验室师兄弟们的相互帮助。例如，曾鹏师弟在辫群基础和小消去条件理论等方面给了我许多帮助，陆荣幸和钱海峰等师兄在可证明安全理论方面则是我的启蒙者。在此一并表示感谢。

　　本书的出版得到国家自然科学基金面上项目"非交换密码的两个核心问题研究"(批准号：61370194) 的资助。

　　由于作者水平有限，书中难免有不足之处，恳请广大读者批评指正。

作　者
2017 年 8 月

主要符号对照表

$\mathbb{Z}, \mathbb{N}, \mathbb{Q}, \mathbb{R}$	分别表示整数、自然数、有理数和实数的集合
$\mathbb{Z}_n$	以 n 为模的剩余类环 $\mathbb{Z}/n\mathbb{Z}$
$\mathbb{Z}_n^*$	$\mathbb{Z}_n$ 中所有对模乘可逆元构成的集合
$\{0,1\}^*$	任意长度的比特字符串集合
$\{0,1\}^n$	长度为 n 的比特字符串集合
1^n	正整数 n 的 1 元表示
$|s|, |\mathcal{S}|$	分别表示字符串 s 的长度、集合 $\mathcal{S}$ 的规模
$a \in \mathcal{S}, a \notin \mathcal{S}$	元素 a 属于 (不属于) 集合 $\mathcal{S}$
$a \in_R \mathcal{S}, a \leftarrow \mathcal{S}$	均匀随机地在集合 $\mathcal{S}$ 中选取元素 a
$a\|b$	a 和 b 的连接
$a \oplus b$	表示相同长度的 a 和 b 按位求异或
$p(n)$	表示 n 的一个多项式
$n!$	n 的阶乘 $(= n(n-1)(n-2)\cdots 1, 0! = 1)$
$\begin{pmatrix} n \\ k \end{pmatrix}$	n 个对象中取 k 个的取法个数 $\left(= \dfrac{n!}{k! \cdot (n-k)!}\right)$
$\exp(1), \mathrm{e}$	表示自然对数的底 $(\exp(1) = \mathrm{e} \approx 2.71826\cdots)$
$\log$	表示以 2 为底的对数，即 $\log_2$
$\neg E$	事件 E 的补事件
$E \cup F$	事件 E 和 F 的和事件，即或者事件 E 发生，或者事件 F 发生
$E \cap F$	事件 E 和 F 的积事件，即事件 E 和事件 F 都发生
$E \subseteq F$	事件 F 包含事件 E，即事件 E 的发生蕴含事件 F 的发生
$\mathcal{O}, \mathcal{O}_{\mathrm{name}}, \mathcal{O}(n)$	分别表示随机预言机，名为 name 的随机预言机和计算复杂度 (可根据上下文区分)
$\Pr[E]$	事件 E 发生的概率
$\Pr[E \mid F]$	事件 F 发生的条件下，事件 E 发生的条件概率

目　　录

第1章 绪 论

1.1 公钥密码学

1.1.1 里程碑

如果说 Shannon 于 1949 年发表的 *Communication theory of secrecy systems* 一文[1] 标志着现代密码学的开端，那么 Diffie 和 Hellman 于 1976 年发表的 *New directions in cryptography* 一文[2] 则标志着公钥密码学的开端。在公钥密码系统里，用于加密信息的密钥 (公钥) 与用于解密信息的密钥 (私钥) 是完全不同的。而且要从公钥分析求解出对应的私钥，在计算上也是不可行的。

虽然 Diffie 和 Hellman 在当时并未构造出具体的公钥密码系统，但是他们宣布了一个信念：只要找到合适的单向陷门函数，就可以构造出公钥密码系统。随后，他们的工作引起了密码学界的广泛关注。很快，到了 1978 年，Rivest 等 [3] 就给出了第一个实用的公钥密码体制 —— 即大家最为熟悉的 RSA 体制。近三十多年来，RSA 不断接受实践的考验，目前仍然是应用最为广泛的密码体制之一。除了 RSA 密码体制，其他学者基于另外的计算问题提出了大量的公钥密码算法。其中具有代表意义的密码体制有：基于整数分解的改进 RSA 算法[4] 和 Rabin 算法[5]，基于有限域上离散对数相关难题的 ElGamal 算法[6] 以及目前被普遍看好的基于椭圆曲线的方案 [7−9]。

Diffie 与 Hellman 甚至在正式发表 *New directions in cryptography* 一文之前，就发明了数字签名的概念[10, 11]。在一个数字签名系统中，公钥与私钥的运作顺序正好与公钥密码系统相反，发送者首先通过自己的私钥对消息进行数字签名，随后，当接收者收到消息及其对应的数字签名之后，利用发送者的公钥来证实这个数字签名的正确性。数字签名可以确保信息的鉴别性、完整性及不可否认性。所谓数字签名的不可否认性是指：签名的接收者能够证实发送者的身份，发送者不能否认其曾签署过的签名，其他任何人不能伪造和篡改签名[11, 12]。

第一个数字签名方案也是由 Rivest、Shamir 和 Adleman 三位密码学家[3] 首先提出的。之后，数字签名的理论与技术在密码学界受到了广泛的重视。具有代表意义的数字签名体制有基于整数分解问题的改进的 RSA 签名[4] 和 Rabin 签名[13]、基于有限域上离散对数相关难题的 ElGamal 签名方案[6] 及两个著名的变形 ——Schnorr 签名方案[14, 15] 以及美国国家数字签名标准 DSS(digital signature standard)[16−18]。

在公钥密码体制的密钥生成过程中，通常先随机产生私钥，之后通过私钥产生对应的公钥，这样产生的公钥将是一段随机的乱码，因此如何将公钥与其对应的实体的身份进行绑定就成为一个棘手的问题。为了解决这个问题，Kohnfelder 在 1979 年提出了"公钥证书"的概念[11]。公钥证书通常包含这样的一些内容：由公钥持有实体的身份信息、公钥参数信息，以及由可信第三方 (称为证书权威机构 (certificate authority, CA)) 对该 (证书) 消息的一个数字签名。目前最为流行的基于目录的公钥认证框架是 X.509 证书框架[19]。然而，它的建立和维护异常复杂，且成本昂贵。

1984 年，Shamir[20] 突破基于目录的公钥认证框架的束缚，提出了基于身份的 (identity-based) 公钥密码系统的思想。在这种公钥密码系统的密钥生成过程中，公钥直接为公钥拥有实体的身份信息，因此基于身份的公钥密码系统可以很自然地解决公钥与实体身份的绑定问题。基于身份的密码系统之所以可直接将身份信息作为公钥，是因为在其密钥产生过程中，先由实体的身份信息产生公钥，然后再由公钥产生对应的私钥。在文献 [20] 中，Shamir 基于 RSA 假设[3] 给出了一个基于身份的签名方案。在随后的几年里，其他学者又提出了一些优秀的基于身份的数字签名体制 [21−24]。但是基于身份的加密方案却在很长时间内没有人提出。

Shamir 基于身份的公钥密码系统的思想发表 17 年之后，即到了 2001 年，Boneh 和 Franklin 两位学者[25] 基于双线性配对技术提出了第一个实用的基于身份的密码方案。同年，Cocks[26] 也基于二次剩余理论提出了另外一个基于身份的加密方案。这两个密码方案都完全符合 Shamir[20] 基于身份密码系统的设想。此后，双线性配对技术[27] 成为构造基于身份密码体制的主流，这方面也已经发表了很多优秀的成果 [28−35]。

1.1.2　安全模型

人们对公钥密码系统安全性的研究，是随着对攻击方式理解的逐渐加深而日趋严谨的。最初，人们认识到的攻击手段只有被动攻击，即攻击者只能窃听密文，不能运用自己掌握的数据操纵或修改密文[11, 36]。而且对密码方案的破解方式的认识也仅限于密码体制的完全破解，即已知密码算法及其输出的密文，攻击者的攻击目标是恢复密文对应的完整明文信息；或者攻击者通过对自己选择的明文/密文对的分析，来达到获取密钥的目标。事实上，真实世界中的攻击者不可能那么被动，他们完全有可能对密文进行修改、替换或伪造。至于用"对密码方案的完全攻击"来描述攻击者的行为，在现实世界中更是不可想象的：现实中的攻击者不一定要完全破译窃听到的密文或攻破密钥，也许只要推知密文中的部分信息就可以获得很大的利益。

1982 年，Goldwasser 和 Micali[37] 提出了比特安全性的概念：公钥密码系统的安全性应该使得密文在遭受被动攻击时不能泄露一比特。他们的想法可形式化描述为[38]：假设攻击者已知两条等长的明文消息 M_0 和 M_1，又已知 c 是这两条明文消息之一的密文，那么该攻击者利用任何概率多项式时间算法来判断 c 是由哪一条明文对应的密文，与同 "抛币" 的方法猜测相比较，其正确的概率 "几乎" 一样，或者用他们论文中的说法就是其获得的优势是多项式不可区分的。这个概念又被他们称为语义安全性，或称为选择明文攻击下的不可区分 (indistinguishable against chosen plaintext attack, IND-CPA) 安全。在他们的论文中还有一个非常重要的成果就是引入了 "概率加密" 的技术，使得相同的明文每次加密后的结果是不一样的，这就有效抵抗了存储密文攻击。

　　Goldwasser 和 Micali 的成果更正了人们对公钥密码安全性方面的一个错误观念，即攻击者对密码方案的破解方式不仅仅限于完全攻击，因而密码系统安全必须做到比特级别的安全。用语义安全的概念来审视以前的一些公钥密码体制[3, 5, 39] 就会发现，这些体制不是语义安全的。幸运的是，关于 RSA 加密函数有一条非常有用的性质：如果一条 RSA 密文是对事先不可猜测的信息进行加密，那么从密文中提取一比特的明文信息就同提取整个明文组一样困难[11, 40, 41]。因此，只要采用合适的概率加密技术，那么这些方案都可以改造为语义安全的方案[41, 42]。

　　语义安全虽然使人们对公钥密码系统安全性的认识更进了一步，但是，在这个概念中，还是只将攻击者定位在被动攻击的行为上。1990 年，Naor 和 Yung[43] 引入了不可区分选择密文攻击 (indistinguishability against chosen ciphertext attacks, IND-CCA) 安全的概念。在这个概念中，攻击者可以选择自己需要的密文，并得到解密服务，产生相应的明文，即攻击者可以实施选择密文攻击。Naor 和 Yung 还在他们的论文中提到，原本语义安全的一些密码体制[37, 40, 44] 不是 IND-CCA 安全的。

　　1991 年，Rackoff 和 Simon[16] 提出了一种更强的安全性概念 —— 不可区分适应性选择密文攻击 (IND-CCA2) 安全。在这个概念中，攻击者在得到他感兴趣的密文 c 后，还可以继续获得除 c 之外的解密服务。Rackoff 和 Simon 的成果彻底更正了语义安全概念中所认为的攻击者的被动攻击行为。

　　2001 年，Boneh 和 Franklin[25] 在基于身份的密码系统环境中给出了基于身份的不可区分选择明文攻击 (ID-IND-CPA) 安全性的概念和基于身份的不可区分适应性选择密文攻击 (ID-IND-CCA2) 安全性的概念，在这些概念中，攻击者除了可以拥有对应的攻击手段，还可以获得针对除了攻击目标用户的其他用户的私钥提取询问服务。

　　人们对数字签名体制安全性的认识也是逐渐完善起来的。人们对伪造者的攻击手段的认识经历了这样几个过程[11, 45]。

　　(1) 已知公钥攻击。伪造者在攻击的整个过程中只知道签名人的公钥。

(2) 已知消息攻击。 伪造者在整个攻击过程中可以利用一些已经存在的由被攻击的签名人产生的消息/签名对。

(3) 适应性选择消息攻击。 在整个攻击过程中, 伪造者随时可以得到签名人对由伪造者所选择消息的签名。

同样, 人们对签名体制的破解方式的认识也经历过如下几个阶段 [5,6,39,45−48]。

(1) 完全破解。 伪造者经过整个攻击过程后得到签名人的私钥。

(2) 通用性伪造。 发现一个算法, 这个算法和签名人的签名算法是等价的。

(3) 选择性伪造。 在攻击过程开始之前, 伪造者选择了一个目标消息, 在攻击过程结束以后, 伪造者能够伪造出这个消息的签名。

(4) 存在性伪造。经过整个攻击过程之后, 伪造者至少可以伪造出一个消息/签名对 (m, σ)。当然在整个攻击过程中, 伪造者没有就消息 m 向签名人询问过签名, 而且消息 m 也许是伪造者预先无法知道的, 也许是随机的、无意义的, 伪造的后果也许对签名人不会构成一点点伤害。

(5) 强存在性伪造。 经过整个攻击过程之后, 伪造者至少可以伪造出一个消息/签名对 (m, σ)。而且消息 m 也许是攻击者预先无法知道的, 也许是随机的、无意义的, 伪造的后果也许对签名人不会构成一点点伤害。与存在性伪造不同之处在于, 攻击者在攻击过程中可以就消息 m 向签名人询问过签名, 但是签名 σ 不能包含在关于 m 的询问结果中。

可以看出, 从完全破解到强不可伪造性, 对破解的要求是逐渐降低的。人们当然希望数字签名体制在拥有最强攻击手段的攻击者面前也不会以最容易的破解方式遭到攻击①。对于数字签名体制, 最基本也最常用的安全性概念是由 Goldwasser 等[45] 于 1988 年提出的: 适应性选择消息攻击下的存在性不可伪造 (existential unforgeable against adaptively chosen message attack, EUF-CMA)。这个概念非常适合于现实世界的情况[11]。此后, An 等 [46] 提出了一个更强的数字签名概念, 即适应性选择消息攻击下的强存在性不可伪造的数字签名的概念。

2003 年, Cha 和 Choen[31] 与 Dodis 等[49] 分别在 Goldwasser 等的工作基础上, 提出了基于身份的适应性选择密文攻击下的不可存在性伪造的数字签名的安全性概念, 在这些概念中, 攻击者除了具有适应性选择密文攻击的手段, 还可以获得针对除了攻击目标用户的其他用户的私钥提取询问服务。

1.1.3 典型的方案构造技术和安全性证明方法

早期的 IND-CCA2 安全的公钥密码方案[16, 43, 50] 都普遍依赖于非交互零知识 (non-interactive zero knowledge, NIZK) 技术, 这些方案效率很低, 不实用。

---

① 一些攻击手段与破解方式在概念上是有矛盾的。例如, 适应性选择消息攻击和选择性伪造就不能搭配起来。

1991 年，Damgard[51] 摒弃了 NIZK 技术，提出了一个重要的设计方法：为了防止攻击者对密文的篡改，保证密文数据的完整性，可在一般的公钥密码方案中加入验证方程。虽然 Damgard 当时利用这种方法设计的方案只能达到 IND-CCA 安全而不是 IND-CCA2 安全的[52]，但是他的这种设计思想却成为以后设计 IND-CCA2 安全的密码方案的主流思想。随后，许多基于这种思想的密码方案被设计出来，其中 Zheng 和 Seberry[52, 53] 提出采用哈希函数来进行密文的完整性保护的方法，从效率上对 Damgard 的方法进行了非常有意义的改进。

1993 年，Bellare 和 Rogaway 在 Zheng-Seberry 方法的基础上，结合 Fiat-Shamir 的预言机[22] 的思想，提出了在随机预言模型 (random oracle model, ROM) 下证明 IND-CCA2 安全性的方法[54]。他们的工作开辟了密码学可证安全的一个方向，即基于随机预言模型的可证明安全性。

随后，Bellare 和 Rogaway 又在随机预言模型中提出了明文感知 (plaintext awareness，PA) 的概念[55]。他们的思想是：如果一个公钥密码方案是明文感知的，则攻击者得到一个密文蕴涵着此攻击者预先知道这个密文对应的明文。换句话说，如果一个公钥密码方案是 PA 的，那么攻击者得到的解密服务对他的破译工作没有任何帮助，因此如果一个公钥密码方案是 IND-CPA 安全的，而且是 PA 的，那么该密码方案就是 IND-CCA2 安全的。PA 的思想丰富了基于 ROM 的可证明安全性的方法和内容。作为 PA 概念应用的例子，他们在这篇文章中，给出了一个著名的公钥密码方案 RSA-OAEP。这个方案的安全性证明路线就是 IND-CPA + PA ⇒ IND-CCA2。然而，他们在当时提出的 PA 的概念并不完善，此证明后来也被 Shoup[56] 找出了漏洞。在 1998 年，他们对 PA 的概念进行了修正[57]。2001 年，Fujisaki 等[58] 采用修正后的 PA 概念证明了 RSA-OAEP 方案确实是 IND-CCA2 安全的。

1998 年，Cramer 和 Shoup[59] 给出了实用的公钥密码方案，并在标准模型下证明了该方案是 IND-CCA2 安全的。所谓标准模型是指安全性的形式化证明只依赖于方案所依赖的单向陷门函数的困难性和单向哈希函数的不可逆性，以及哈希函数的一些其他在真实世界中可以实现的特性。当然，在 Cramer-Shoup 方案提出以前，也有一些基于标准模型下可证 IND-CCA2 安全的方案[16, 50]，但是这些方案都是基于 NIZK 实现的，正如前面所讨论的，这些方案不实用。Cramer-Shoup 方案是第一个实用的基于标准模型的可证明具有 IND-CCA2 安全性的密码方案。此后，Shoup 还提出了这个密码方案的变形[60]。

1999 年和 2000 年，Fujisaki 和 Okamoto 先后发表了两篇文章[61, 62]，给出了通用的而且是比较高效的方法，使得我们可以在 ROM 假设下，对一个 IND-CPA 安全的密码方案进行适当改造，使其具有 IND-CCA2 安全性。2001 年，Boneh 和 Franklin[25] 在提出他们的基于身份的密码方案的时候，其实就使用了 Fujisaki-Okamoto 转换方法。

最近, Shoup[63]、Bellare 和 Rogaway[64] 都对可证明安全的方法进行了系统的总结, 尤其对证明过程中所普遍采用的"挑战者 — 模拟器 — 攻击者"之间通过玩游戏 (game playing) 来进行归约的思路进行了深入分析, 总结了游戏序列 (game sequence) 定义的一些技巧和原则, 使人们对可证明安全的方法和思路有更加系统的认识。特别是, 可证明安全方法也已经被广泛地应用于诸如秘密分享[65]、环签名[66]、群签名[67]、代理签名[68]、盲签名[69] 等密码体制和协议的安全性证明中。

1.2　量子计算的发展及其对公钥密码学的启示

目前, 许多未被攻破的公钥密码体制的安全性假设均依赖于某个特定的计算难题。迄今为止, 最典型的两类安全性假设仍然是整数分解难题和离散对数难题, 以及它们的某些变种和推广。基于整数分解问题困难性假设的体制, 包括 RSA[3]、Rabin-Williams[5, 70]、LUC[71]、Cocks 基于二次剩余的 IBE(identity-based encryption)[4] 等; 基于离散对数计算困难性假设的体制①, 包括 ElGamal[6]、椭圆曲线密码系统 ECC[7, 9]、二次域理想类群上的密码系统[72, 73]、Boneh 和 Franklin 基于配对的 IBE[25] 等。

然而, 量子计算的快速发展, 使得这些目前仍然活跃的公钥密码体制面临威胁。1994 年, Shor[74] 提出了大整数分解和离散对数计算的概率量子算法。1995 年, Kitaev[75] 给出了另外一种大整数分解的量子算法。2003 年, Proos 和 Zalka[76] 将 Shor 的量子算法推广到了椭圆曲线上, 得到了求解椭圆曲线上的离散对数问题的量子算法。这些算法都具有多项式复杂度②。因此, 在量子计算环境下, 上述许多现存的未被攻破的公钥密码体制都将土崩瓦解。虽然许多专家预测量子计算机离我们至少还有 20 年的距离, 但是这已经足以使我们产生紧迫感: 现存的许多密码体制不再固若金汤了。

能否发展新的公钥密码系统, 使其可以抵抗已有的量子攻击呢? 根据目前的量子计算复杂性理论, 人们确实找到了一些计算难题, 它们即使到了量子计算时代, 也仍然是困难的。人们也基于这些难题, 设计了新的公钥密码系统, 例如, 基于格的公钥密码系统[77] 等。

---

①基于配对的各类密码体制的安全性也依赖于离散对数计算困难性假设。

②对于量子计算而言, 由于量子比特的制备十分昂贵, 算法的量子空间复杂度 (即所需要的量子比特的数量) 是首先要考虑的问题。而量子时间复杂度主要是指量子操作 (即对量子寄存器执行测量) 的次数。另外, 目前的量子算法都是一种混合机制: 即少量的量子操作附加一定的经典计算和推导。因此, 一个量子算法具有多项式复杂度的含义是: 算法所需的量子比特数以输入问题规模的某个多项式为界。典型地, Shor 算法所需要的量子比特数为 $\mathcal{O}(\log N)$; 算法所需要的量子操作次数也以输入问题规模的某个多项式为界。典型地, Shor 算法需要的量子操作次数为 $\mathcal{O}((\log N)^2(\log\log N)(\log\log\log N))$; 算法所需的附加经典计算的空间复杂度和时间复杂度以问题的输入规模的某个多项式为界。

2004 年，Lee[78] 提出建议：我们不要把所有的"鸡蛋"都放到一个"篮子"里，而是应该努力寻找新的不同的公钥密码系统的实现平台。现存的公钥密码系统，更多地是以某个特定的有限交换群 (或环、或域) 为基础，尤其是更多地依赖于数论上的某些计算难题。而目前发展起来的几个典型的量子算法，恰恰是专门针对这几个数论问题而设计的。因此，为了抵抗已知的量子算法的攻击，设计非基于数论的甚至非基于交换代数系统的公钥密码体制，不失为有意义的研究思路之一。而且，人们在这方面确实已经做出了一些优秀的工作。例如，基于一般非交换群的密码[79]、基于辫群的密码[80]、基于有限非交换群的 MOR 密码[81]、基于非交换群的同态密码[82]、基于汤普森群 (也是非交换的) 的密码[83]、基于自分配系统的密码[84] 和基于 e 变换的密码[85](后面两者均为非交换的代数系统，且一般不构成群) 等。

2007 年，Cao 等[86] 提出了基于非交换环的公钥密码系统。这篇文章针对一般非交换环，定义了多项式及其赋值的概念，进而提出了其上的密码学难题假设；然后在这些假设之下，给出了 Diffie-Hellman 类型的密钥协商协议和 ElGamal 类型的加密方案。最后，该方法还被推广到了一般的非交换群和非交换半群上。

量子计算也在发展，这些新兴的密码系统，多数并未被证明一定能够抵抗所有的量子攻击，但是有一点是肯定的：现有的量子算法对这些系统尚不构成威胁。

1.3　辫群密码系统简介

基于辫群的公钥密码系统可以说正是 Lee[78] 所建议的"篮子"外面的"鸡蛋"之一。自从 2000 年 Ko 等[80] 提出基于辫群的公钥密码系统以来，基于辫群的公钥密码系统的发展也经历了不少曲折。在辫群密码诞生之初，立刻出现了一个研究辫群密码的小高潮，许多新的体制不断被提出 [79,87−89]。2000 年 ∼2007 年，在美国密码会议、欧洲密码会议、亚洲密码会议等一些重要的密码学会议上，均有不少关于辫群密码的文章发表 [80,90−92]。然而，几乎在基于辫群的密码系统诞生的同时，人们就陆续发表了一些分析辫群密码体制的文章 [91−100]，而且算法研究方面的进展也对辫群上的一些基础难题假设提出了质疑 [101−104]。这些都迅速减弱了人们最初寄予辫群密码的热情。但是最近又有不少基于辫群的密码体制的文章出现 [105−109]。尤其是人们已经开始以研究辫群密码体制为起点，逐渐展开对其他非交换群或半群的考察，以寻求适合构造密码系统的新的数学平台。在这个时候，我们可以说，辫群只是非交换群的一个代表。辫群密码已经不仅仅局限于只在辫群上构造密码体制。可以说，目前基于各种非交换群上的共轭搜索问题、求根问题等困难性假设的密码系统都可以称为基于辫群的密码系统。

1.3.1 基于辫群的密码体制

(1) 基于辫群的密钥交换协议。 许多新的公钥密码体制的提出都是从双方密钥交换作为起点的。辫群上的密码体制也不例外。

1999 年, Anshel 等[79, 87] 提出了基于一般非交换群的双方密钥交换协议 ——AAG(Anshel-Anshel-Goldfeld) 协议。随后, 在 2001 年, 他们[87] 又借助于着色 Burau 群 (colored Burau group) 的方法, 基于辫群实现了一个双方密钥交换协议 ——AAFG(Anshel-Anshel-Fisher-Goldfeld) 协议。这两个协议的安全性都是基于 CSP 问题的变种问题 —— 同时共轭问题 (simultaneous conjugate problem, SCP) 的①。然而, 它们后来被证明是不安全的[100]。

尽管辫群是非交换的, 但是它包含一些很大的子群, 使得来自不同子群的元素却是可以交换的。Ko 等[80] 就是基于这样的想法, 提出了所谓的 Diffie-Hellman 类型的共轭问题, 并基于此问题的困难性假设, 提出了一个 Diffie-Hellman 型的双方密钥交换协议。然而, 2003 年, Cheon 等[91] 给出了求解这个问题的多项式时间算法。所以, 这个体制并不安全。

2002 年, Lee 等还提出了一个基于辫群的群密钥协商协议 (group key agreement, GKA), 包括非认证的和认证的两个版本。这个协议的安全性也是基于 DHCP 问题的, 所以, 现在看来也是不安全的。另外, 该协议还有一个很致命的弱点, 它需要的轮数太多, 与群成员的个数成正比。

(2) 基于辫群的加密方案。 2000 年, Ko 等[80] 也给出了一个 ElGamal 类型的加密方案。可惜的是, 这个加密方案的安全性基础也是 DHCP 问题的困难性假设, 因此也是不安全的。而且, 迄今为止, 还没有任何可以证明的安全的基于辫群的加密方案。

(3) 基于辫群的认证方案。 2002 年, Sibert 等[89] 给出了三个基于辫群的认证方案: 其一是 Diffie-Hellman 类型的, 而另外两个则是 Fiat-Shamir[22] 类型的。第一个方案从本质上可以说是 Ko 等[80] 的加密方案的直接应用, 其安全性也是基于 DHCP 问题的困难性假设, 因此也是不安全的。后两个方案从本质上看均是一个承诺机制, 其安全性分别基于 CSP 问题的困难性假设和求根问题的困难性假设。目前看来, 后两个认证方案仍然是安全的。

(4) 基于辫群的签名方案。 2002 年, Ko 等[88] 提出了两种基于辫群的签名方案: 其一是基于匹配共轭搜索问题的, 而另外一个是基于匹配共轭问题的三元组形式的。这两个问题的困难性假设目前都还未被攻破。然而, Ko 等仅对前一种方案

---

①在原文献中, 将此问题称为多共轭搜索问题 (multiple conjugate search problem, MCSP)。然而, 这和本书后面要用到的匹配共轭搜索问题 (matching conjugate search problem, MCSP) 的缩写重复。因此, 为了统一描述, 我们改换此问题的名称。

给出了在已知公钥攻击下的可证明安全, 即不允许询问签名预言机。对后一种方案, 并没有给出任何形式的可证明安全。另外, 还有人提出了基于辫群的群签名、不可否认签名等签名方案[108, 109]。

1.3.2　基于辫群的密码方案的分析

辫群密码方案一经提出, 很快引起了人们的注意, 一些方案也很快被发现是不安全的 [91,93–97,99]。目前, 这些攻击大致可以分为三类。

(1) 基于长度的攻击。基于长度的攻击的共同原则就是: 从公钥辫子对 (p, p') 的 p' 开始, 尝试用某个辫子 t 把 p' 共轭到一个新的辫子 $p'' = tp't^{-1}$, 使得 p'' 的长度[93] 或者复杂性[94, 110, 111] 达到最小, 然后检查是否碰巧有 $p = p''$。我们可能会觉得这么 "碰巧" 的可能性似乎很小。然而, 文献 [93]、[110] 和 [111] 给出的报告表明, 对于 Anshel 等[79, 87] 提出的基于同时共轭问题 (SCP) 的密钥协商协议 AAG 和 AAFG 而言, 这种攻击成功的概率是不可忽略的。Hofheinz 和 Steinwandt[94] 提出的基于长度的攻击方法跟前面的有点类似, 但是却包含了一个改进措施, 因而其攻击更加有效。该方法在找到那样的 p'' 之后, 不是立即去检查是否碰巧有 $p = p''$。而是进一步考察 p'' 和 p 的 "置换距离" (permutation distance) 是否最大为 1, 即是否有置换 f 使得 p'' 等于简单共轭 $\hat{f}p\hat{f}^{-1}$ (这里 $\hat{f}$ 的含义就是把置换 f 看作一个辫子)。本质上, 这最后的一步相当于求解了一个定义在 n 次对称群 S_n 上的共轭搜索问题, 即 p'' 跟 p 通过 S_n 里的某个 f 共轭。基于这样的改进方法, Hofheinz 和 Steinwandt[94] 对于 Anshel 等[87] 提出的密钥协商方案 AAFG 进行了攻击实验, 在参数 $n = 80, l = m = 20$ 且 p_i, q_j 的规范长度为 5 或 10 时, 攻击成功的概率高达 99%。对于 Ko 等[80] 提出的密钥交换协议 ($n = 80$, 辫子的规范长度为 12), 这种攻击方法成功的概率也大约为 80%。

(2) 基于线性表示的攻击。线性表示攻击的原理是把辫群映射到一个 CSP 易解的线性群上, 通过求解该线性群上的共轭问题, 来求解辫群上的共轭问题。主要的线性表示攻击有两种。

① 基于 Burau 表示的攻击。Hughes[95] 和 Lee 等[111] 分别使用 Burau 表示对 AAFG 协议[87] 的方案进行了攻击。这一攻击针对的主要是同时共轭问题 (SCP), 而对 CSP 问题本身还构不成威胁。当然, Burau 表示也有正面的作用, Ko 等[88] 正是利用 Burau 线性表示来解决中等规模 (典型的 $n = 20$) 辫群上的判断型共轭问题, 进而设计了两个基于辫群的数字签名体制。

② 基于 Lawrence-Krammer 表示 (常缩写为 LK 表示) 的攻击。 2003 年, Cheon 和 Jun[91] 利用 LK 表示, 设计了一个求解 DHCP 问题的多项式复杂度的算法, 从而证明 Ko 等[80] 提出的密钥交换协议和加密方案都是不安全的。该算法的复杂度为 $\mathcal{O}(n^{4\tau+2\epsilon}l^{2\epsilon})$, 其中 $\tau = \log 7$ 并且 $\epsilon > \log 3$。根据 Myasnikov 等[92] 的

建议, 辫子字的长度 l 应该取 n^2 这个量级, 因此, Cheon 的方法的折合复杂度约为 $\mathcal{O}(n^{21})$。这虽然是一个多项式界的方法, 但是很不实用。

(3) 直接求解 CSP 问题本身。前两类攻击多数是针对 CSP 问题的变种问题的, 对 CSP 困难性假设本身还构不成直接威胁。但是, 近年来, 求解 CSP 问题的算法方面的进展, 也使人们对基于辫群的密码系统的安全性不再那么自信。求解 CSP 问题的方法原理将在第 2 章中介绍。

从前面的各种攻击和分析来看, 几乎所有已发表的基于辫群的密码方案都是不安全的。尽管人们可以通过增加参数规模来增加攻击的难度, 但是那样一来, 辫群所带来的计算上的优势就逐渐丧失了。

表面上听起来, 上述这些攻击似乎是致命的, 辫群上的密码也快要 "下课" 了[112]。然而, 我们其实是没有必要这么悲观的。对于基于长度的攻击, Dehornoy[112] 进行了深入分析, 提出了抵抗这类攻击的两类措施: 句柄归约和搅乱技术。对于基于线性表示的攻击: 一方面 Burau 表示对于辫指数大于 4 的辫群是不忠实的[113], 这样就大大限制了此类攻击的适用范围; 另一方面, LK 表示尽管忠实, 但是其计算复杂度也较高, 这就使得攻击的效率大大降低。至于直接求解 CSP 问题, 目前已经发表的算法都还没有被证明可以在多项式时间内完成。而就目前被攻击的基于辫群的密码方案而言, 一方面, 被攻破的方案大多是基于 CSP 问题的变种问题的, 典型的如 DHCP 问题等; 另一方面, 这些攻击只是从一个侧面反映了我们的密钥产生方式有问题。这种情景使我们回想起 RSA 体制在刚提出来的时候, 人们对其密钥产生方式注意不够, 很快就有了如小 d 攻击、小 e 攻击等。因此, 对这些攻击我们还需要进行进一步的分析, 进而研究抵抗这些攻击的方法。

1.3.3 有关辫群密码的其他问题

2004 年, Dehornoy[112] 对基于辫群的密码系统的研究现状进行了深入的分析, 他指出, 关于辫群密码, 下列问题也值得引起注意。

(1) 密钥生成。可以看到, 目前这些针对辫群上的密码方案的攻击方法主要都是利用了密钥的生成方式。就是说, 这些攻击方法是根据公私钥之间的产生关系, 直接攻击底层难题假设, 而还没有到我们已经熟悉的如选择消息攻击、自适应选择密文攻击、中间人攻击、已知密钥攻击等层面。从这个意义上讲, 辫群上的密码学还处于一个很不成熟的阶段。

既然密钥的产生方式不安全, 那么首要的问题就是寻找一种方法, 使得能够构造出可以证明其困难性的问题实例。例如, 构造出 CSP 问题的实例之后, 我们希望能够证明其求解的困难性, 或者能够进行定量的分析。可是目前人们还没有找到这样的方法。在这方面, Dehornoy[112] 发表了他的一些观察, 这些观察虽不足以告诉我们该怎么选择密钥, 但是足以说明随机选择的密钥为何是不安全的。

　　另外, Maffre[114] 对目前基于辫群的密码系统的密钥生成方式进行了测试, 结果表明几乎所有已发表的基于辫群的密码方案中所使用的密钥都是不安全的。他把这些统统称为弱密钥, 并给出了一些新的建议。Maffre 也特别提到, 他的测试结果并没有宣布 CSP 问题被完全解决, CSP 问题仍然在基于辫群的密码方案中扮演重要角色, 但是密钥和系统参数的选择必须谨慎。Maffre 甚至指出, 辫子的左规范型表示不是一个好的表示方法, 他提出了另外一种新的可以增强安全性的辫子的唯一表示方式。但是目前还需要对这种表示方式做进一步的研究才能判断它是否适合用在密码方案中。

　　(2) 辫子的随机产生。基于辫群的密码中还有一个问题需要解决: 那就是怎么生成一个随机辫子[115]。尽管可以借助于 Vershik 等[116] 提出的随机游走 (random walk) 的概念为辫群 B_n 引入概率测度, 但是 B_n 上的均匀分布 (uniform distribution) 的概念如何定义还是个问题, 而这个问题在安全性证明中是无法回避的。

　　(3) 辫群上的哈希函数设计。在基于辫群密码方案设计中, 往往需要哈希函数实现从 B_n 到 $\{0,1\}^*, \{0,1\}^k$ 或者 $B_n \times \{0,1\}^*$ 等空间的映射。理想的哈希函数就是要求其输出跟一个随机预言机的输出不可区分。而构造理想哈希函数跟发现所谓的 Hard-core 谓词 (predicate) 有关。那么现在, 就是要找到一个从 B_n 到 $\{0,1\}$ 的映射, 其输出不泄露关于输入的任何信息。Lee 等[117] 指出, 在一个辫子的规范表示 $b = \Delta^k b_1 \cdots b_r$ 中, 基础辫子 Δ 的指数 (即 k) 的奇偶性 (parity) 就具有这样的属性。基于此, 他们设计了一个基于辫群的随机数发生器[117]。

　　在实际中, 只要设计的哈希函数满足单向性 (one-wayness) 和抗碰撞 (collision-frcc), 就足够了。有好几种方法实现这样的哈希函数。Cha 等[90] 建议基于 Burau 线性表示来实现这样的哈希函数。尽管 Burau 表示当 $n \geqslant 5$ 时是不忠实的[113], 但是其核非常小, 而不同辫子具有相同 Burau 表示的概率也是可以忽略的。目前, 还没有一个有效的方法从 Burau 表示的像得到其原像。因此, 哈希函数就可以直接通过对 Burau 表示的像进行编码得到。

　　(4) 新的辫子操作。辫群上的操作很单一, 就一个群运算 (称为乘法), 不像我们在环 $\mathbb{Z}_n$ 或者有限域 $\mathbb{Z}_p$ 中那样还有可以自由实施的加法。于是, 人们考虑在辫群上定义新的操作或者运算, 并构造新的难题。2000 年, Dehornoy[118] 令 d 表示辫群 B_∞ 上的一个平移自同态, 它把每个 Artin 生成子 σ_i 映射为 σ_{i+1}, 然后利用这个平移操作定义了下列运算:

$$s * p = s \cdot \mathrm{d}p \cdot \sigma_1 \cdot \mathrm{d}s^{-1}$$

进一步, Dehornoy[118] 基于这个新运算, 可以定义一个新问题: 给定 p 和 $s * p$, 求解 s。这个问题是某种 "歪斜" (skew) 意义下的共轭问题, 其求解难度不低于 CSP

问题。2004 年，Dehornoy[112] 还利用这个运算描述了下列哈希函数：

$$h : x \mapsto x * 1 = x \cdot \sigma_1 \cdot \mathrm{d}x^{-1}$$

这个哈希函数是一个单射 (因而无碰撞)，目前还没有有效的方法去计算其原像，所以这是一个性质很好的哈希函数。

第 2 章　辫群密码系统的数学基础

2.1　辫 群 基 础

人类接触和使用辫子 (braid) 的历史非常久远。远古时期，人类就懂得了"结绳记事"，而一截绳子就恰好是一个辫子。很多民族的男人或女人，也都有将头发挽成辫子的传统。但是，辫群 (braid group) 作为一种数学概念被抽象出来并进行研究是直到 20 世纪 20 年代才发生的事情: 1925 年, Artin[119] 首次提出了辫群的概念①。纽结理论 (knot theory) 的提出比辫群要早，现在人们已经发现每个纽结都可以表示成一个封闭的辫子 (closed braid)，因此，辫群也成了纽结理论研究的主题之一。进入 21 世纪之初，辫群又在密码学研究领域崭露头角。

2.1.1　辫群定义

辫群通常是用群表出 (presentation) 的方法来定义的。辫群的表出方式有两类: 一类是 Artin 表出; 另一类是 BKL 表出②。已经证明, 这两类表出是等价的。目前发表的关于辫群密码方面的文章基本都是采用 Artin 表出的, 所以, 我们也仅限于介绍辫群的 Artin 表出。

定义 2.1(辫群)　对 $n \geqslant 2$, 辫群 B_n 定义如下:

$$B_n = \left\langle \sigma_1, \cdots, \sigma_{n-1} \middle| \begin{array}{ll} \sigma_i \sigma_j \sigma_i = \sigma_j \sigma_i \sigma_j, & |i-j| = 1 \\ \sigma_i \sigma_j = \sigma_j \sigma_i, & |i-j| \geqslant 2 \end{array} \right\rangle \tag{2.1}$$

对任意的 n, 集合 $\{\sigma_1, \cdots, \sigma_{n-1}\}$ 上的恒等映射 (identity mapping) 诱导出一个从 B_n 到 B_{n+1} 的嵌入 (embedding)。另外, B_2 是一个无限阶的循环群, 它跟整数加法群 $<\mathbb{Z}, +>$ 是同构的。

数学上的抽象辫子其实有非常直观的几何解释: 把 n 条线 (strand, 称为带子) 像辫发辫那样交叉起来就形成一个数学上的辫子。这里的每条线 (即带子) 都是有编号的, 如果记编号大的带子压在编号小的带子之上为正相交, 那么相反的就是负

---

①辫群最早是由 Artin 在 1925 年明确引入的, 尽管 Magnus 在 1974 年指出: 辫群的概念已经隐含出现在 Hurwitz(1891年) 关于单值性 (monodromy) 的工作当中。事实上, Hurwitz 将辫群解释为配置空间 (configuration space) 的基础群 (fundamental group)。可惜的是, 直到 1962 年它被 Fox 和 Neuwirth 重新发现之前, 这个解释未能引起人们的注意。(摘自 wikipedia, https://en.wikipedia.org/wiki/Braid_group#History)

②此类表出由 Birman 等 [120] 提出, 故得此名。

相交。这里, 整数 n 称为辫指数 (braid index), 而把 B_n 中的每个元素称为一个 n-带辫子 (或简称为 n-辫子)。我们首先对 B_n 的每个生成元 σ_i 给一个几何解释 (图 2.1): σ_i 表示将第 $i+1$ 条带子压在第 i 条带子之上而形成的相交 (显然是正相交); σ_i^{-1} 就表示将第 i 条带子压在第 $i+1$ 条带子之上而形成的相交 (显然是负相交)。如果定义一个字母表为 $\Sigma = \{\sigma_i^{\pm 1} : i = 1, \cdots, n-1\}$, 则 Σ 上的一个字符串就称为辫子字 (braid words), 通常简称辫子 (braids)。例如, 下面给出的辫子(字)$\sigma_1\sigma_2^{-1}\sigma_3\sigma_1^{-1}$。

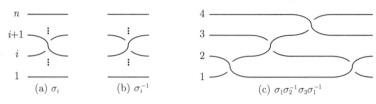

图 2.1   辫群生成元和辫子字的几何解释

现在, 我们给出辫群上的运算 (称为乘法) 的几何解释。设 $a, b \in B_n$ 是两个 n-辫子, 那么 ab 就是从 n 条平行线开始, 先辫 a, 然后接着在 a 的末端开始辫 b(相当于把辫子 a 的末端跟辫子 b 的始端黏合在一起而形成的新的辫子)。显然, n 条平行线本身就是乘法的么元, 我们称为 "空辫子" 或者 "么辫子", 记为 e。可以看到, 图 2.1 给出的辫子 (字) 其实就是每个字母 (即 Artin 生成子或者其逆) 按照乘法运算作用在一起而形成的, 即 $\sigma_1\sigma_2^{-1}\sigma_3\sigma_1^{-1} = \sigma_1 \cdot \sigma_2^{-1} \cdot \sigma_3 \cdot \sigma_1^{-1}$。

辫群定义中的辫子关系的几何解释如图 2.2 所示。

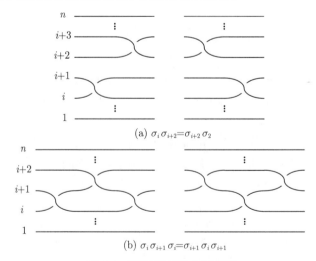

(a) $\sigma_i\sigma_{i+2} = \sigma_{i+2}\sigma_2$

(b) $\sigma_i\sigma_{i+1}\sigma_i = \sigma_{i+1}\sigma_i\sigma_{i+1}$

图 2.2   辫子关系的几何解释

当 $n \geqslant 3$ 时, B_n 是非交换群 (non-communicative), 例如, $\sigma_1\sigma_2 \neq \sigma_2\sigma_1$。但是, B_n 中存在一些比较大的子群, 使得来自不同子群的元素却是可以互相交换的。例如, 设 l_1, l_2, r_1 和 r_2 是四个正整数, 且满足 $1 \leqslant l_1 < l_2 < r_1 < r_2 \leqslant n$。令 B_n 的两个特殊子群 $\mathrm{LB}(l_1, l_2)$ 和 $\mathrm{RB}(r_1, r_2)$ 分别由 $\sigma_{l_1}, \sigma_{l_1+1}, \cdots, \sigma_{l_2-1}$ 和 $\sigma_{r_1}, \sigma_{r_1+1}, \cdots, \sigma_{r_2-1}$ 生成。那么, 对任意的 $a \in \mathrm{LB}(l_1, l_2)$ 和任意的 $b \in \mathrm{RB}(r_1, r_2)$, 有 $ab = ba$ 成立。有时候, $\mathrm{LB}(1, l)$ 简记为 $\mathrm{LB}(l)$, 并称为 B_n 的 l-左子群。类似地, $\mathrm{RB}(r, n)$ 可记为 $\mathrm{RB}(r)$, 并称为 B_n 的 r-右子群。

2.1.2　辫子的唯一表示及其在计算机上的实现

根据辫子的生成关系, 辫子字的表示是不唯一的。例如, 辫子字 $\sigma_1\sigma_2^{-1}\sigma_3\sigma_1^{-1}$ 就还可以表示为 $\sigma_1\sigma_2^{-1}\sigma_1^{-1}\sigma_3$。因此, 我们这里要区分所谓辫子 (braid) 跟辫子字 (braid word) 的概念。辫子可以看作辫子字的值, 而辫子字是辫子值的表示形式。例如, 在 $12 = 2 \cdot 6 = 3 \cdot 4$ 中 12 就是值, 而 $2 \cdot 6$ 和 $3 \cdot 4$ 是 12 的两种 "字" 表示形式。在不引起混淆的时候, 我们可以不加区分地使用辫子和辫子字这两个概念。任何一个辫子总是具有无穷多种字表示形式, 因为对任何辫子字 w, 另外一个辫子字 $w\sigma_1^k\sigma_1^{-k}$ 表示的是同样的辫子。根据辫子关系, 能够互相转换的辫子字都是等价的, 如果能够从每个等价类中选择一个且仅选择一个代表出来, 就可以作为辫子的唯一表示了。这就是所谓的规范型。辫群上的规范型表示有好几种不同的方式[101, 121]。我们在这里只介绍左规范型, 其定义的流程大致如下。

定义 2.2(基础辫子)　基础辫子 (fundamental braid)Δ_n 递归定义为

$$\Delta_1 = e, \quad \Delta_{n+1} = \Delta_n\sigma_n\sigma_{n-1}\cdots\sigma_1$$

根据文献 [101], 基础辫子 Δ(当不引起混淆时, 我们省略基础辫子的下标 n) 具有许多特别的属性, 例如, 在 Δ 中, 任意两条带子都相交且仅相交一次; Δ^2 可以跟任何辫子互相交换, 更加严格地, B_n 的中心恰好由 Δ^2 生成。

定义 2.3(正辫子)　设 B_n^+ 是由 $\sigma_1, \cdots, \sigma_{n-1}$ 生成的 B_n 的子独异点①, 即 B_n^+ 中的元素不含有任何生成子的逆元。把 B_n^+ 中的元素称为正辫子 (positive braids)。

定义 2.4(辫子之间的整除关系 $\preccurlyeq$)　对于任意的 $x, y \in B_n$, 称 x 整除 y, 记为 $x \preccurlyeq y$, 当且仅当 $x^{-1}y \in B_n^+$。此时, 可称 x 是 y 的一个因子 (divisor), 也可称 y 是 x 的一个倍 (multiple) 辫子。

可以证明, $\preccurlyeq$ 是一个偏序关系, 并且 $e \preccurlyeq \sigma_i \preccurlyeq \Delta$。在此基础上, 文献 [101] 证明了一系列结论 (我们不加证明地把它们写在一起)。

定义 2.5　对任意的 $A, B, C \in B_n$, 有

(1) 如果 $A \preccurlyeq \Delta^s$, 则有 $D_1, D_2 \in B_n^+$ 使得 $\Delta^s = D_1A = AD_2$。

---

① 独异点也称为么半群。

(2) 如果 $\Delta^r \preccurlyeq A$, 则有 $E_1, E_2 \in B_n^+$ 使得 $A = E_1 \Delta^r = \Delta^r E_2$。

(3) 如果 $\Delta^{r_1} \preccurlyeq B \preccurlyeq \Delta^{s_1}$, $\Delta^{r_2} \preccurlyeq C \preccurlyeq \Delta^{s_2}$, 则 $\Delta^{r_1 + r_1} \preccurlyeq BC \preccurlyeq \Delta^{s_1 + s_2}$。

(4) 对任意的 $B \in B_n$, 存在 $r, s \in \mathbb{Z}$ 使得 $\Delta^r \preccurlyeq B \preccurlyeq \Delta^s$。

称 B_n 的子集合 $\{B \in B_n : \Delta^r \preccurlyeq B \preccurlyeq \Delta^s\}$ 为一个辫子区间, 记为 $[r, s]$。进一步, 这个区间还可以表示成陪集的形式: $[r, s] = \Delta^r [0, s - r]$。文献 [101] 还证明: $[r_1, s_1][r_2, s_2] = [r_1 + r_2, s_1 + s_2]$。区间 $[0,1]$ 内的辫子通常称为简单辫子 (simple braids)。可以证明: 简单辫子均为正辫子; 并且, 一个正辫子 $s \in B_n^+$ 为简单辫子, 当且仅当 $s \preccurlyeq \Delta$。通常, 把全体简单辫子的集合记为 S。

定理 2.1(Garside 定理[121])   对于辫群 B_n 和定义在它上面的整除关系 $\preccurlyeq$, 有

(1) $\langle B_n, \preccurlyeq, \wedge, \vee \rangle$ 是一个格 (lattice), 即对任意两个辫子 $x, y \in B_n$, 存在唯一的最大公因子 (greatest common divisor, GCD), 记为 $x \wedge y$, 也存在唯一的最小公倍辫子 (least common multiple, LCM), 记为 $x \vee y$。作为格运算, 我们分别称 $\wedge$ 和 $\vee$ 为"保交"和"保联"。

(2) 每个 Artin 生成子 $\sigma_i (i = 1, \cdots, n - 1)$ 是基础辫子 Δ 的一个因子。

(3) 简单辫子的集合 S 是有限的, 并且 $|S| = n!$。

(4) 自同构

$$\tau : B_n \to B_n, \tau(x) = x^\Delta = \Delta^{-1} x \Delta$$

阶为 2, 并且相对于偏序关系 $\preccurlyeq$ 是保序的, 即 $x \preccurlyeq y$ 当且仅当 $\tau(x) \preccurlyeq \tau(y)$。特别地, τ 对于 B_n^+ 和 S 均是封闭的, 即正辫子 (简单辫子) 在映射 τ 作用下的像仍然是正辫子 (简单辫子)。

根据 Garside 定理, 每个辫子 $x \in B_n$ 均可以写作 $x = \Delta^k y$, 其中 $k \in \mathbb{Z}, y \in B_n^+$ 并且 $\Delta \npreceq y$(后半截条件相当于要求选择最大的 k 使得 $y \in B_n^+$), 而 y 也可以写作 $y = s_1 \cdots s_r$, 其中 $s_i \in S \setminus \{e, \Delta\}$。进一步, 如果要求每个 s_i 满足 $s_i = \Delta \wedge (s_1 \cdots s_{i-1})^{-1} y$, 则 y 的这种表示是唯一的。此时, 我们就把 $x = \Delta^k \cdot s_1 \cdots s_r$ 称为辫子 $x \in B_n$ 的左规范型 (left canonical form, LCF), 或者简称规范型 (normal form)。给定辫子 x 的左规范型 $\Delta^k \cdot s_1 \cdots s_r$ 后, 把基础辫子的指数 k 称为 x 的下确界 (infimum), 记为 $\inf(x)$, 把整数 r 称为 x 的规范长度 (canonical length), 记为 $\text{len}(x)$, 并且把整数 $k + r$ 称为 x 的上确界 (supremum), 记为 $\sup(x)$。从几何上讲, 这相当于把各条带子之间的交叉点尽可能向左、向上推移, 并且保证在每个因子中, 任意两条带子之间最多只相交一次。显然, 此时有 $\Delta^k \preccurlyeq x \preccurlyeq \Delta^{k+r}$, 并且 k 和 $k + r$ 分别是满足此条件的最大的 k 和最小的 $k + r$, 这便是称它们分别为下确界和上确界的理由。

有了上面的唯一表示理论之后, 还需要把辫子用计算机表示出来, 这就是所谓的辫子的实现问题。辫子的实现问题至少涉及两个方面的内容: 一是左规范型 (或

者其他的某种规范型) 如何表示成计算机能够表示的数; 二是对于辫子的这种表示, 以及基于这种表示的辫子运算 (如乘法、求逆) 如何高效实现。

ElRifai 和 Morton[101] 证明, $[0,1]$ 区间上的辫子都有这样一个特点: 任意两条带子, 最多只相交一次。进而证明了 $[0,1]$ 中的每个辫子均可以用 S_n 中的一个置换来表示 (因而也把 $[0,1]$ 中的辫子称为置换辫子)。例如, 在 B_4 中[112], $\sigma_1\sigma_3\sigma_2\sigma_3$ 和 $\sigma_2\sigma_3$ 可以分别表示为置换 $\begin{pmatrix} 1 & 2 & 3 & 4 \\ 2 & 4 & 3 & 1 \end{pmatrix}$ 和 $\begin{pmatrix} 1 & 2 & 3 & 4 \\ 1 & 3 & 4 & 2 \end{pmatrix}$。因此, 如果我们用 $\pi(b_i)$ 表示每个置换辫子 b_i 对应的置换 (只记置换的像, 即第 2 行), 则左规范型 $\Delta_n^k b_1 b_2 \cdots b_r$ 就可以表示为 $(k; \pi(b_1), \pi(b_2), \cdots, \pi(b_r))$。例如, B_4 中的 $\Delta^{-1}\sigma_1\sigma_3\sigma_2\sigma_3\sigma_2\sigma_3$ 就可以表示为 $(-1; (2,4,3,1), (1,3,4,2))$。Cha 等[90] 分析了实现上述表示和基于这些表示实现各种辫群运算的计算复杂度。这些运算均是可以高效实现的, 最复杂的操作就是把一个辫子化成左规范型, 计算复杂性为 $\mathcal{O}(l^2 n \log n)$, 这里 l 为辫子字的长度, 即生成子及其逆的个数。

文献 [120]、文献 [122]~[125] 都提供了关于辫子的唯一表示和实现时的数据结构设计等问题。

2.2　辫群上的密码学难题

辫群上的许多难题跟共轭问题有关。因此, 我们先介绍共轭的概念。

定义 2.6　对于群 G, 说 $x, y \in G$ 是共轭的, 即如果存在一个元素 $a \in G$ 使得 $y = a^{-1}xa$, 此时, 称 a 为 (x,y) 的共轭子。如果 x 和 y 共轭, 我们一般记为 $x \sim y$; 当需要指定共轭子 a 时, 可以记为 $x \sim_a y$ 或者 $x \overset{a}{\sim} y$。

显然, 对于一个交换群, 定义其上的共轭问题是没有意义的, 因为交换群中每个元素只能跟自己共轭, 而且共轭子可以是任何其他元素。所以, 我们讨论共轭问题, 总是基于某个非交换群的。

Ko 等[80] 在提出基于辫群的公钥密码系统时系统地总结了辫群上的密码学难题, 现介绍如下①。

(1) 共轭判断问题 (conjugacy decision problem, CDP)。

问题实例: 给定 $(x,y) \in B_n \times B_n$。

求解目标: 判断是否有 $x \sim y$。

(2) 共轭搜索问题 (conjugator search problem, CSP)。

问题实例: 给定 $(x,y) \in B_n \times B_n$, 已知 $x \sim y$。

---

①这些问题的每个实例 (instance) 未必都是有解的。但是, 作为密码学应用, 我们总是直接从某个解 (密钥) 出发, 构造出确实有解的问题实例 (公钥)。这些问题的难解性正是所构造的密码体制的安全性基础。

求解目标: 找到一个共轭子 $a \in B_n$ 使得 $y = axa^{-1}$。

(3) 广义共轭搜索问题 (generalized conjugator search problem)。

问题实例: 给定 $(x, y) \in B_n \times B_n$, 已知 x 和 y 通过某个未知的元素 $b \in B_m$ 共轭, $m \leqslant n$。

求解目标: 找到一个共轭子 $a \in B_m$ 使得 $y = axa^{-1}$。

(4) 共轭分解问题 (conjugacy decomposition problem)。

问题实例: 给定 $(x, y) \in B_n \times B_n$, 已知 x 和 y 通过某个未知的元素 $b \in B_m$ 共轭, $m \leqslant n$。

求解目标: 找到两个辫子 $a, a' \in B_m$ 使得 $y = axa'$。

(5) 循环问题 (cycling problem)。

问题实例: 给定 $(y, r) \in B_n \times \mathbb{Z}$, 已知 $y = \boldsymbol{c}^r(x)$ 但 $x \in B_n$ 未知。

求解目标: 找到一个辫子 $z \in B_n$ 使得 $y = \boldsymbol{c}^r(z)$。

(6) 马尔可夫问题 (Markov problem)。

问题实例: 给定 $y \in B_n$, 已知 y 跟一个形如 $w\sigma_{n-1}^{\pm 1}$ 的辫子共轭但是 $w \in B_n$ 未知。

求解目标: 找到两个辫子 $z, x \in B_n$ 使得 $zyz^{-1} = x\sigma_{n-1}^{\pm 1}$。

共轭判断问题和共轭搜索问题是两个非常重要的问题, 许多拓扑学中的问题都基于它们来讨论。广义共轭搜索问题是共轭搜索问题的推广, 对 y 的共轭元素 x 加了一点限制。共轭分解问题可以看作广义共轭搜索问题的进一步推广。对于任何一个共轭分解问题的实例, 如果对应的广义共轭搜索问题易解, 则只要令 $a' = a^{-1}$ 即得共轭分解问题的解。Ko 等[80] 猜想对于某些特定的 x, 共轭分解问题和广义共轭搜索问题等价。马尔可夫问题与纽结 (knot) 和环 (link) 的完全分类密切相关, 每个纽结理论专家都梦想能够实现这样一件事情, 目前看来这个问题应该是很难的[80]。对于循环问题, 目前也没有有效的求解算法[80]。循环问题中的循环操作 $\boldsymbol{c}(\cdot)$ 比较复杂, 后面将会讲到。

对于辫群上的共轭判断问题, 开始人们认为也是困难的。后来, Ko 等[88] 对于中等参数规模的辫群, 发现了判断共轭性的有效算法, 这也是后来人们利用这一性质来设计签名体制的基础, 即通过判断两个元素是否共轭来验证签名是否有效。

2004 年, Dehornoy[112] 还提出了以下基于辫群的密码学难题。

(1) 根问题 (root problem, RP)。辫群是无扭的 (torsion-free), 即对于非平凡的辫子 b, 对任意的 $e \geqslant 2$, b^e 也是非平凡的。这自然就产生两个子问题: 其一是根的存在性问题 (root existence problem), 即对于固定的 $e \geqslant 2$, 给定一个辫子 b 之后问是否存在辫子 c 使得 $c^e = b$; 其二是求根问题 (root extraction problem), 即简单一个辫子 b 是某个辫子的 e-次幂, 求 c 使得 $c^e = b$ 成立。

(2) 最小长度问题 (minimal length problem, MLP)。假定辫群的辫指数 n 不固定, 可以任意取, 即我们在 B_∞(即由无限个生成子 $\sigma_1, \sigma_2, \cdots$ 遵守辫子关系表出的群) 上讨论问题。对于任意给定的一个辫子字 w, 寻找最短的字 w', 使其等价于 w, 即 $w = w'$。

对于根问题的两个子问题, 尽管 Sibert[126] 证明了它们都是有算法解的, 但是目前已知的算法均包含了枚举几个共轭类的过程。而枚举一个共轭类我们知道至少是指数级的算法。Gonzales-Meneses[127] 证明: 如果一个辫子的 e-次根存在, 则由其共轭类唯一决定。

对于最小长度问题, Paterson 和 Razborov[128] 证明了这个问题是 NP-完全的。然而, 一个问题被证明是 NP-完全的, 并不表明该问题的每个实例都是难解的。密码学需要的难题往往是找到一种算法, 能够构造出这些 NP-完全问题的足够困难的并且足够多的问题实例。一些实验表明[112], 构造形如 $w(\sigma_1^{e_1}, \sigma_2^{e_2}, \cdots, \sigma_n^{e_n})(e_i = \pm 1)$ 的辫子字 w 的最小长度问题是足够困难的, 即对每个 i 来说, σ_i 和 σ_i^{-1} 中至少有一个没有在 w 中出现。

2.3　求解共轭问题的算法

在数学上, 共轭问题 (conjugacy problem) 通常指共轭判断问题, 即给定两个元素 x, y, 判断是否存在某个 z, 使得 $y = zxz^{-1}$, 有时候也用类似于离散对数的形式记为 $y = x^z$。对于 CDP 的一个解, 只需输出"是"或者"否"即可, 而不需输出共轭子 z。

第一个求解辫群上共轭问题的算法是在 1969 年由 Garside 提出的。给定任意的两个辫子 $x, y \in B_n$, 我们可以先假设它们共轭, 然后去寻找一个共轭子。如果找到, 则给 CDP 问题给出了肯定回答的同时, 也给出了 CSP 问题的解。然而, x 的共轭类 $x^{B_n} = \{x^z | z \in B_n\}$ 通常是个无限集合, 靠穷举的办法是不行的。Garside 求解共轭问题的算法的核心是对每个辫子 x, 定义了一个由某些特殊的与 x 共轭的元素组成的有限集合, 称为顶点集 (summit set, SS)。这是一个进步: 一方面, 由无限集合 x^{B_n} 前进到有限集合 SS(x) 宣布了辫群 (或者更一般的 Garside 群) 上的共轭问题是有算法解的; 另一方面, 类似于等价密钥攻击的思想, 对于基于 CSP 问题困难性假设的公钥密码体制, 我们只要找到公钥辫子对的一个共轭子, 往往就宣告该体制被攻破。所以, 如果在某些附加属性的限制下, 可以确定一个 x^{B_n} 的比较小的子集合, 那么, 从密码分析的角度看, 是很有意义的。

但是, Garside 算法中的这个顶点集还是非常大的。随后, 很多算法都是对 Garside 算法从不同角度进行的改进。这些改进的算法和 Garside 算法都具有下列共同的结构[104]。

第一步, 定义 x^{B_n} 的某个子集 I_x, I_x 应该是 x^{B_n} 的某个不变量 (invariant), 并且具有以下属性。

(1) 对任意的 $x \in B_n$, 集合 $I_x \subseteq x^{B_n}$ 是个有限的, 非空的, 并且只取决于 x 的共轭类。特别地, 如果两个元素 $x, y \in B_n$ 是共轭的, 当且仅当 $I_x = I_y$, 或者等价地, $I_x \cap I_y \neq \varnothing$。

(2) 给定任意的 $x \in B_n$, 求 I_x 中某个代表元素 $\tilde{x}$ 和某个 $c \in B_n$ 使得 $x^c = \tilde{x}$ 应该是可有效计算的。

(3) 给定 I_x 的任何非空子集 I, 可以在有限步内要么证明 $I = I_x$, 要么输出一个二元组 $(z, c) \in I \times B_n$ 使得 $z^c \in I_x \setminus I$。特别地, I_x 集合可以从任意的代表元素开始按照这种步骤来逐步构造出来, 即如果找到了这样的 (z, c), 则令新的 $I = I \cup \{z^c\}$, 然后重复该过程。

第二步, 对于给定的 $x, y \in B_n$, 求解共轭问题的算法包括以下步骤。

(1) 找到 I_x 中的某个代表元素 $\tilde{x}$ 和 I_y 的某个代表元素 $\tilde{y}$。

(2) 重复第一步中的 (3), 构造 I_x 中的更多的元素, 直到

① $\tilde{y}$ 被构造出来, 即 $\tilde{y}$ 是 I_x 中的某个元素, 这证明 x 和 y 共轭。

② 整个 I_x 集合都已经构造出来了, 但是没有遇到 $\tilde{y}$, 这证明 x 和 y 不共轭。

如果在上述过程中, 记录下每步所获得的共轭元素 (即第一步 (3) 中的那些 c), 则对于 CDP 的肯定实例 (x, y), 我们也得到了 CSP 问题的解 (此时, 算法必然停止在第二步 (2) 之①); 而对于 CDP 的否定实例 (x, y), 对应的 CSP 是无解的 (此时, 算法必然停止在第二步 (2) 之②)。

2.3.1　Garside 算法

在介绍 Garside 的算法之前, 我们需要借助辫子的指数和 (exponent sum) 的概念来说明一个问题。当一辫子用 Artin 生成子表出时, 每个 Artin 生成子的次数可能是 +1 或 −1(把 $\sigma^{\pm k}$ 看作 k 个 $\sigma^{\pm 1}$ 的连乘, 这里 $k > 1$), 我们把这些次数的代数和就称为该辫子的指数和。显然, 同一辫子 (braid) 的不同字 (word)(包括其规范型) 的指数和必然是相等的 (因为辫子关系等式两边的指数和相等); 而且, 一个辫子跟与其共轭的所有辫子的指数和也相等 (因为共轭操作不改变原辫子的指数和)。辫子 x 一旦给定, 其长度总是有限的, 其指数和也必然是有限的, 这说明集合 x^{B_n} 的 inf 值是上有界的。若不然, 假定某个 $y \in x^{B_n}$ 的 inf 值为 $+\infty$: 我们知道, 基础辫子 Δ 的指数和是 $\dfrac{n(n-1)}{2}$, 并且对于辫子 x 的规范型 $x = \Delta^k \cdot s_1 \cdots s_r$ 来说, x 的指数和必然大于 $\left(\dfrac{n(n-1)}{2}\right)^k$ (因为 s_i 的指数和均为正), 则得出与 x 共轭的这个 y 的指数和是上无界的, 这是一个矛盾。类似地, 集合 x^{B_n} 的 sup 值是下有界

的 —— 这个结论正是下面的 EM 算法中要用到的。

在此基础上, Garside 定义了所谓的顶点集并且证明了相应的一些结论。

定义 2.7(顶点集)　设 $\inf_s(x) = \max\{\inf(y)|y \in x^{B_n}\}$。集合

$$\mathrm{SS}(x) = \{y \in x^{B_n}\,|\,\inf(y) = \inf_s(x)\}$$

称为 x 的顶点集。

定理 2.2[121]　设 $x \in B_n$, 有

(1) 如果 $x \notin \mathrm{SS}(x)$, 则存在一个元素 $s \in S$ 使得 $\inf(x^s) > \inf(x)$。

(2) 如果 $y \in \mathrm{SS}(x)$ 并且 $c \in B_n^+$ 使得 $y^c \in \mathrm{SS}(x)$, 则 $y^{c \wedge \Delta} \in \mathrm{SS}(x)$。

推论 2.1[121]　设 $x \in B_n$ 并且 $D \subset \mathrm{SS}(x)$ 非空。如果 $D \neq \mathrm{SS}(x)$, 则存在元素 $y \in D$ 和元素 $s \in S$ 使得 $y^s \in \mathrm{SS}(x) \setminus D$。

基于上述结论, Garside 认为可以分两个步骤来计算顶点集 $\mathrm{SS}(x)$。第一步, 反复用简单辫子对 x 进行共轭, 求得 $\mathrm{SS}(x)$ 的一个代表元素 y, 即 y 的下确界 $\inf(y)$ 达到最大 (这时对 y 再用简单辫子进行共轭后其下确界不再增加)。第二步, 从 $D = \{y\}$ 开始, 根据上面的推论, 用简单辫子对 D 中的元素进行反复共轭, 得到新的属于 $\mathrm{SS}(x)$① 而尚不在 D 中的元素, 进而扩展 D 直到这种过程收敛。根据 Garside 的结论, 最后的 D 就应该等于 $\mathrm{SS}(x)$。

综上, Garside 求解共轭问题的思想可通过算法 2.1 来描述。

算法2.1　　计算顶点集的Garside算法
1:　procedure GSS(x)　　　　　　　　　　　　　　　　　　　　　　▷ 输入为$x \in B_n$
2:　　$i_0 \leftarrow \inf(x)$;
3:　　L1: for each $s \in S$, do
4:　　$x_1 \leftarrow x^s, i_1 \leftarrow \inf(x_1)$;
5:　　if $i_1 > i_0$ then　　　　　　　　　　　　　　　　　　　　　　　▷ inf值增加
6:　　　$x \leftarrow x_1, i_0 \leftarrow i_1$;
7:　　　Goto L1;　　　　　　　　　　　　　　　　　　▷ 使用新的x重新进入上面的for循环
8:　　end if
9:　　$y \leftarrow x$;　　　　　　　　　　　　　　　　　　　　　▷ SS(x)的代表元素y已经找到
10:　　$D \leftarrow \{y\}$;　　　　　　　　　　　　　　　　　　　　　　　　▷ 初始化D
11:　　$T_0 \leftarrow \{y\}$;　　　　　　　　　　　　　　　　　　　　　　　▷ 初始化T_0
12:　　L2: Construct set $T \leftarrow \{y^s|y \in T_0, s \in S, \inf(y^s) = i_0\}$;
13:　　$T \leftarrow T \setminus D$;
14:　　if $T \neq \varnothing$ then

---

①在 $\mathrm{SS}(x)$ 的代表元素求得之后, 就可以通过比较共轭结果的 inf 值是否等于代表元素的 inf 值来判断其是否属于 $\mathrm{SS}(x)$。

```
15:          D ← D ∪ T;
16:          T_0 ← T;
17:          Goto L2;
18:      else                                    ▷ 集合 D 不再增大
19:          SS ← D;
20:      end if
21:      Return SS;
22: end procedure
```

现在，我们依照上述算法流程，对 Garside 算法的计算复杂性进行分析。

(1) 第一步，计算 $SS(x)$ 的某个代表元素 y，即算法描述的第 2~10 步。在第 3~9 步所示的循环中，判断当前 x 的 inf 值是否达到最大，需要用 $n!$ 个简单辫子对其进行共轭并计算每个结果的 inf 值，并进行比较。因此其复杂度是 $\mathcal{O}(l^2 n(n!)\log n)$（其中，计算 x^s 的规范型的复杂度是 $\mathcal{O}(l^2 n\log n)$，l 是 x 的字长度 —— 即 x 中所包含的 Artin 生成子及其逆的个数）。其实，这只是最好情况下此循环的计算复杂度。在最坏情况下，如果用前面 $n! - 1$ 个简单辫子对 x 进行共轭后，其 inf 值均未增加，但是最后一个简单辫子却使得共轭之后的 inf 值升高，那么必须更新 x，然后重新开始用每个简单辫子进行类似的计算和判断。那么出现这种最坏情形的次数如何估计呢？注意到对 x 用简单辫子进行共轭之后的结果不一定在简单辫子集合 S 中，但它应该还是在最初的那个 x 对应的 x^{B_n} 集合中，即仍然是有限的。然而，目前，还没有办法给出更加具体的界。在文献 [104] 中，Gerbhardt 认为计算 $SS(x)$ 的某个代表元素 y 的总的复杂度就是 $\mathcal{O}(l^3 n(n!)\log n)$。但是，我们尚未找到此断言成立的根据。不过，对于这一步的最好的情形，Gerbhardt 给出的复杂度分析跟我们的分析结果一致。

(2) 在第二步中，计算 $SS(x)$ 集合，即算法描述的第 11~20 步。其中第 12~17 构成一个循环，其作用就是：为了证明 $SS(x)$ 集合的计算已经完成，需要对已经求得的 $SS(x)$ 的每个元素用每个简单辫子进行共轭并计算其 inf 值进行检测，直到不能再找到新的可以添加到结合 D 中的元素。所以，第二步的计算复杂度应该是 $\mathcal{O}(|SS(x)| \cdot l^2 n(n!)\log n)$。剩下的问题就是集合 $SS(x)$ 到底有多大呢？可惜的是，尽管 Garside 断言 $SS(x)$ 集合是有限的，但是其大小以什么为界，至今没有解决。Gerbhardt 等[104] 猜想它对于辫子指数 n 和 x 的辫子字长度 l 呈指数增长。

综上，Garside 算法的计算复杂度如表 2.1 所示。虽然表中有许多未知项，但是我们可以肯定的是：Garside 算法的计算复杂度不是多项式有界的。

2.3.2　EM 算法

1994 年，ElRifai 和 Morton[101] 对 Garside 算法提出了改进 (称为 EM 算法)。EM 算法的核心是提出了超级顶点集 (super summit set, SSS) 的概念，这个集

合是顶点集的一个子集, 而且是一个小了很多的子集。

表 2.1 Garside 算法的计算复杂度

步骤	目的/含义	复杂度	
		最好情形	最坏情形
第一步	寻找 SS(x) 的代表元素	$\mathcal{O}(l^2 n(n!) \log n)$	未知
第二步	计算 SS(x) 集合	$\mathcal{O}(|\mathrm{SS}(x)| \cdot l^2 n(n!) \log n)$	
$|\mathrm{SS}(x)|$	顶点集合的大小	未知	

定义 2.8(超级顶点集) 对于 $x \in B_n$, 其超级顶点集定义为

$$\mathrm{SSS}(x) = \{y \in x^{B_n} | \inf(y) = \inf_s(x), \sup(y) = \sup_s(x)\}$$

式中, $\inf_s$ 如前面的定义, 而 $\sup_s(x) = \min\{\sup(y) | y \in x^{B_n}\}$。

显然, $\mathrm{SSS}(x) \subset \mathrm{SS}(x)$。但是, 这里存在一个问题: $\mathrm{SSS}(x)$ 会不会为空集呢? 也就是说, 在集合 x^{B_n} 中, 是否一定有元素 y 使得其 inf 值达到最大的同时其 sup 值也达到最小呢? 为了回答这个问题, ElRifai 和 Morton[101] 定义了如下两个操作和相应的一些结论。

定义 2.9 设 $x \in B_n$ 的规范型为 $x = \Delta^k \cdot s_1 \cdots s_r$, 则循环 (cycling) 和去循环 (decycling) 操作定义为

$$\boldsymbol{c}(x) = \Delta^k s_2 \cdots s_r \tau^{-k}(s_1), \quad \boldsymbol{d}(x) = \Delta^k \cdot \tau^k(s_r) s_1 \cdots s_{r-1}$$

定理 2.3[101] 设 $x \in B_n$, 有

(1) 可以通过对 x 施加有限次循环和去循环操作求得一个代表元素 $\tilde{x} \in \mathrm{SSS}(x)$。特别地, $\mathrm{SSS}(x)$ 集合非空。

(2) 如果 $y \in \mathrm{SSS}(x)$ 且 $c \in B_n^+$ 使得 $y^c \in \mathrm{SSS}(x)$, 则 $y^{c \wedge \Delta} \in \mathrm{SSS}(x)$。

推论 2.2[104] 设 $x \in B_n$ 并且 $D \subset \mathrm{SSS}(x)$ 非空。如果 $D \neq \mathrm{SSS}(x)$, 则存在元素 $y \in D$ 和元素 $s \in S$ 使得 $y^s \in \mathrm{SSS}(x) \setminus D$。

实际上, 上面定义的 $\boldsymbol{c}(x)$ 和 $\boldsymbol{d}(x)$ 均与 x 共轭。并且, ElRifai 和 Morton[101] 证明:

$$\inf(x) \leqslant \inf(\boldsymbol{c}(x)), \quad \sup(x) \geqslant \sup(\boldsymbol{c}(x))$$

及

$$\inf(x) \leqslant \inf(\boldsymbol{d}(x)), \quad \sup(x) \geqslant \sup(\boldsymbol{d}(x))$$

即对 x 施加一系列循环或者去循环操作后, 其结果的规范长度是一个单调不增的序列。更进一步, ElRifai 和 Morton[101] 证明:如果 x 与 y 共轭, 并且 $\inf(y) > \inf(x)$,

则存在某些 j 使得 $\boldsymbol{c}^j(x) > \inf(x)$, 这里 $\boldsymbol{c}^j(x)$ 就是对 x 连续施加 j 次循环操作①。

EM 算法的核心是用超级顶点集取代了 Garside 算法中的顶点集 SS。SSS 集合是 SS 集合的一个子集, 而且是一个小了很多的子集。在 Garside 算法中, 第一步是需要对 x 使用简单辫子反复进行共轭, 并且检测结果的 inf 值是否达到最大值。相对于 EM 算法来说, Garside 算法有两个劣势: 一方面, 有可能选取的某些简单辫子使得 inf 值并不增加 (甚至下降), 这样的简单共轭操作对增加 inf 值就是无效的尝试; 另一方面, 最后判断 inf 值是否已经达到最大的时候, 必须用所有的简单辫子进行共轭并比较结果的 inf 值, 只有所有的简单共轭操作不能使 inf 值再增加的时候, 才能认为第一步完成, 即找到了 $\mathrm{SS}(x)$ 集合的代表元素。而在 EM 算法中, 一次循环操作后的辫子的 inf 值必然是不减的。理论上, 只要 inf 值还未达到最大, 反复执行循环操作必然可以使 inf 值严格增加②。

综上, EM 算法的算法描述见算法 2.2, 其中, 设定对 x 反复执行循环和去循环操作的最大次数均为 $\dfrac{n(n-1)}{2}$, 即基础辫子的长度。

算法2.2　计算超级顶点的EM算法

1: procedure EMSSS(x)	▷ 输入为 $x \in B_n$
2:　　$j = 1, i_0 \leftarrow \inf(x), j_0 = \frac{n(n-1)}{2}$;	
3:　　for $j < j_0$ do	▷ 找 $\mathrm{SSS}(x)$ 集合的代表元素
4:　　　　$x \leftarrow \boldsymbol{c}(x)$;	
5:　　　　$i_1 \leftarrow \inf(x)$;	
6:　　　　if $i_1 > i_0$ then	▷ inf值增加
7:　　　　　　$j \leftarrow 1, i_0 \leftarrow i_1$;	
8:　　　　else	
9:　　　　　　$j \leftarrow j + 1$;	
10:　　　　end if	
11:　　end for	
12:　　$j = 1, i_0 \leftarrow \sup(x)$;	
13:　　for $j < j_0$ do	
14:　　　　$x \leftarrow \boldsymbol{d}(x)$;	
15:　　　　$i_1 \leftarrow \sup(x)$;	
16:　　　　if $i_1 < i_0$ then	▷ sup值减小
17:　　　　　　$j \leftarrow 1, i_0 \leftarrow i_1$;	
18:　　　　else	
19:　　　　　　$j \leftarrow j + 1$;	
20:　　　　end if	

---

① 每次执行完循环或者去循环操作后, 在执行下一次循规操作之前都必须先把前一个的结果转换为规范型。

② ElRifai 和 Morton[101] 称, Thurston 最初认为 inf 值在首次执行循环操作后必然会增加, 但是 Birman 给出了一个反例。

```
21:      end for
22:      y ← x, i₀ = inf(y), j₀ = sup(y);                    ▷ SSS(x)的代表元素y已经找到
23:      D ← {y};                                            ▷ 初始化D
24:      T₀ ← {y};                                           ▷ 初始化T₀
25:      L2: Construct set T ← {yˢ|y ∈ T₀, s ∈ S, inf(yˢ) = i₀, sup(yˢ) = j₀};
26:      T ← T \ D;
27:      if T ≠ ∅ then
28:          D ← D ∪ T;
29:          T₀ ← T;
30:          Goto L2;
31:      else                                                ▷ 集合D不再增大
32:          SSS ← D;
33:      end if
34:      Return SSS;
35: end procedure
```

基于上述算法描述，EM 算法的复杂度可分析如下。

(1) 第一步，计算 $\mathrm{SSS}(x)$ 集合的某个代表元素，即算法描述的第 2~22 步。在第 3~11 步所示的循环中，表面看，外循环执行次数为 $\dfrac{n(n-1)}{2}$，其实不然。如果对当前的 x 执行循环操作后使其 inf 值增加，则会立即重置 $j = 1$。最好的情形是：一开始的这个 x 碰巧就在 $\mathrm{SSS}(x)$ 中，此时，外循环仍然要被执行 $\dfrac{n(n-1)}{2} = \mathcal{O}(n^2)$ 次。最坏的情形是：对每个待考察的 x，连续执行了 $\dfrac{n(n-1)}{2} - 1$ 次循环操作都未能使 inf 值有所升高，而最后一次循环操作却使 inf 值增加。总共会出现多少次可能的最坏的 x 呢？考虑 x 每更新一次（按照这种最坏的方式），inf 值至少增加 1。所以，这个总次数应该以 $\inf_s(x) - \inf(x)$ 为界，而这个界必然小于 x 的辫子字长度 $|x| = l$（因为规范长度不可能大于字长度）。第 13~21 步的循环的复杂性可类似分析。另外需要考虑的就是循环和去循环操作的计算复杂度和把每次循环或去循环后的辫子再化为规范型的复杂度。根据循环和去循环操作的定义，其复杂度小于计算辫子的规范型。第一步操作的计算复杂度为：最好情形时，$\mathcal{O}(l^2 n^3 \log n)$；最坏情形时，$\mathcal{O}(l^3 n^3 \log n)$。

(2) 第二步，计算 $\mathrm{SSS}(x)$ 集合，即算法描述的第 23~34 步。类似地，在 EM 算法的第二步中，为了证明 $\mathrm{SSS}(x)$ 集合的计算已经完成，就需要对已经求得的 $\mathrm{SSS}(x)$ 的每个元素用每个简单辫子进行共轭并计算其 inf 值和 sup 值，然后进行检测，其复杂度应该是 $\mathcal{O}(|\mathrm{SSS}(x)| \cdot l^2 n(n!) \log n)$。目前，我们只知道 $|\mathrm{SSS}(x) \leqslant \mathrm{SS}(x)|$，但是 $\mathrm{SSS}(x)$ 集合的大小以什么为界，至今也是一个没有解决的问题。Gebhardt 等[104] 猜想它对于辫子指数 n 呈指数增长，而对于固定的 n，$\mathrm{SSS}(x)$ 集合的大小以 x 的

辫子字长度 l 的某个多项式为界。

综上, EM 算法的计算复杂度如表 2.2 所示。显然, EM 算法的计算复杂度也不是多项式有界的。

2.3.3 FM 算法

当求得 $\mathrm{SSS}(x)$ 的某个代表元素之后, Franco 和 Gonzalez-Meneses[102] 提出了一种改进的计算 $\mathrm{SSS}(x)$ 整个集合的算法 (以下简称 FM 算法)。他们首先证明了如下结论。

定理 2.4[102] 设 $x \in B_n$, 如果 $y \in \mathrm{SSS}(x)$ 并且存在 $u, v \in B_n^+$ 使得 $y^u \in \mathrm{SSS}(x)$ 并且 $y^v \in \mathrm{SSS}(x)$, 则 $y^{u \wedge v} \in \mathrm{SSS}(x)$。

表 2.2　EM 算法的计算复杂度

步骤	目的/含义	复杂度	
		最好情形	最坏情形
第一步	寻找 $\mathrm{SSS}(x)$ 的代表元素	$\mathcal{O}(l^2 n^3 \log n)$	$\mathcal{O}(l^3 n^3 \log n)$
第二步	计算 $\mathrm{SSS}(x)$ 集合	$\mathcal{O}(|\mathrm{SSS}(x)| \cdot l^2 n(n!) \log n)$	
$|\mathrm{SSS}(x)|$	超级顶点集合的大小	未知	

推论 2.3[102] 设 $x \in B_n$ 并且 $y \in \mathrm{SSS}(x)$。对任意的 $u \in B_n^+$, 都存在唯一的 $\preccurlyeq$-极小元素 $\rho_y(u)$ 使得

$$u \preccurlyeq \rho_y(u) \text{ 且 } y^{\rho_y(u)} \in \mathrm{SSS}(x)$$

基于上述定义, 我们称 $\rho_y(\sigma_i)(i = 1, \cdots, n-1)$ 为 $\preccurlyeq$-极小简单元素。Franco 和 Gonzalez-Meneses 给出了求 $\rho_y(\sigma_i)$ 的详细算法, 其复杂度为 $\mathcal{O}(l^2 n^3 \log n)$。

推论 2.4[102] 设 $x \in B_n$ 且 $D \subset \mathrm{SSS}(x)$ 非空。如果 $D \neq \mathrm{SSS}(x)$, 则存在 $y \in D$ 和 $i \in \{1, \cdots, n-1\}$ 使得 $y^{\rho_y(\sigma_i)} \in \mathrm{SSS}(x) \setminus D$。

FM 算法就是使用 $\preccurlyeq$-极小简单元素 $\rho_y(\sigma_i)$ 代替了 EM 算法中的简单元素 s。

本质上讲, EM 算法侧重改进了 Garside 算法的第一步, 而 FM 算法则是在 EM 算法的基础上, 对 Garside 算法的第二步做进一步的改进。当按照 EM 算法的第一步求得 $\mathrm{SSS}(x)$ 的某个代表元素之后, Franco 和 Gonzalez-Meneses[102] 提出了一种改进的计算 $\mathrm{SSS}(x)$ 整个集合的算法, 即使用 $\preccurlyeq$-极小简单元素代替了 EM 算法第二步中的简单元素。于是, FM 算法的详细描述见算法 2.3。

算法2.3　计算超级顶点的FM算法

1: procedure FMSSS (x)	▷ 输入为 $x \in B_n$
2: $\quad j = 1, i_0 \leftarrow \inf(x), j_0 = \frac{n(n-1)}{2}$;	
3: $\quad$ for $j < j_0$ do	▷ 找 $\mathrm{SSS}(x)$ 集合的代表元素

4:	$x \leftarrow \boldsymbol{c}(x);$	
5:	$i_1 \leftarrow \inf(x);$	
6:	if $i_1 > i_0$ then	▷ inf值增加
7:	$\quad j \leftarrow 1, i_0 \leftarrow i_1;$	
8:	else	
9:	$\quad j \leftarrow j + 1;$	
10:	end if	
11:	end for	
12:	$j = 1, i_0 \leftarrow \sup(x);$	
13:	for $j < j_0$ do	
14:	$x \leftarrow \boldsymbol{d}(x);$	
15:	$i_1 \leftarrow \sup(x);$	
16:	if $i_1 < i_0$ then	▷ sup值减小
17:	$\quad j \leftarrow 1, i_0 \leftarrow i_1;$	
18:	else	
19:	$\quad j \leftarrow j + 1;$	
20:	end if	
21:	end for	
22:	$y \leftarrow x, i_0 = \inf(y), j_0 = \sup(y);$	▷ SSS(x)的代表元素y已经找到
23:	$D \leftarrow \{y\};$	▷ 初始化D
24:	$T_0 \leftarrow \{y\};$	▷ 初始化T_0
25:	L2: $T \leftarrow \varnothing;$	
26:	for each $y \in T_0$ and each $i \in \{1, \cdots, n-1\}$ do	
27:	$u \leftarrow y^{\rho_y(\sigma_i)};$	
28:	if $\inf(u) = i_0 \wedge \sup(u) = j_0$ then	
29:	$\quad T \leftarrow T \cup \{u\};$	
30:	end if	
31:	end for	
32:	if $T \neq \varnothing$ then	
33:	$D \leftarrow D \cup T;$	
34:	$T_0 \leftarrow T;$	
35:	Goto L2;	
36:	else	▷ 集合D不再增大
37:	SSS $\leftarrow D;$	
38:	end if	
39:	Return SSS;	
40:	end procedure	

现在，我们分析 FM 算法的计算复杂度。

(1) 首先, 第一步, 即寻找 $SSS(x)$ 代表元素的计算复杂度与 EM 算法的第一步相同, 即最好 $\mathcal{O}(l^2n^3\log n)$, 最坏 $\mathcal{O}(l^3n^3\log n)$。

(2) 其次, 在 FM 算法的第二步中, 为了证明 $SSS(x)$ 集合的计算已经完成, 就需要对已经求得的 $SSS(x)$ 的每个元素用每个 $\preccurlyeq$-极小简单辫子 $\rho_y(\sigma_i)$ 进行共轭并计算其 inf 值和 sup 值, 然后进行检测。FM 算法的第二步是一个不小的改进, 因为我们知道, 简单元素集合 S 的大小是 $n!$, 而 FM 算法中定义的极小简单元素 $\rho_y(\sigma_i)$ 共有 $n-1$ 个, 其中每个的计算复杂度为 $\mathcal{O}(l^2n^3\log n)$。因此, FM 算法第二步的计算复杂度为 $\mathcal{O}(|SSS(x)|\cdot l^2n^4\log n)$。

综上, FM 算法的计算复杂度如表 2.3 所示。显然, 如果 $SSS(x)$ 集合的大小没有多项式界, 则 FM 算法的计算复杂度也不是多项式有界的。

表 2.3　FM 算法的计算复杂度

步骤	目的/含义	复杂度	
		最好情形	最坏情形
第一步	寻找 $SSS(x)$ 的代表元素	$\mathcal{O}(l^2n^3\log n)$	$\mathcal{O}(l^3n^3\log n)$
第二步	计算 $SSS(x)$ 集合	$\mathcal{O}(|SSS(x)|\cdot l^2n^4\log n)$	
$|SSS(x)|$	超级顶点集合的大小	未知	

2.3.4　USS 算法

2003 年, Gebhardt[103] 对前面的算法提出了一种新的改进。该算法基于如下观察: 前面定义的循环操作映 $SSS(x)$ 集合到其自身, 因此如果重复对 $SSS(x)$ 集合的某个代表元素 y 施加循环操作, 必然会出现周期性结果, 即存在 $T>0$ 使得 $c^{k+T}=c^k, k=1,2,\cdots$。于是, Gebhardt 提出了所谓极端顶点集 (ultra summit set, USS) 的概念。USS 算法的流程继承了 EM 算法和 FM 算法, 但是用极端顶点集 (USS) 取代了 EM 算法和 FM 算法中的超级顶点集 (SSS)。理论上, USS 集合是 (SSS) 集合根据特定等价关系进行划分之后所得的商集, 因此小了很多。

定义 2.10(极端顶点集[103])　设 $x\in B_n$, 极端顶点集定义如下:

$$USS(x)=\{y\in SSS(x)|c^k(y)=y \text{ 对某个 } k>0\}$$

然后, Gebhardt 证明了下列结论。

定理 2.5[103]　设 $x\in B_n$, 如果 $y\in USS(x)$ 并且 $u,v\in B_n^+$ 使得 $y^u\in USS(x)$ 且 $y^v\in USS(x)$, 则 $y^{u\wedge v}\in USS(x)$。

推论 2.5[104]　设 $x\in B_n, y\in USS(x)$。对任意 $u\in B_n^+$, 存在唯一的 $\preccurlyeq$-极小元素 $c_y(u)$ 满足:

$$u\preccurlyeq c_y(u) \text{ 并且 } y^{c_y(u)}\in USS(x)$$

Gebhardt[103] 给出了求解 $c_y(u)$ 的算法, 其复杂度为 $\mathcal{O}(l^2 n^3 \log n)$。类似地, 我们称 $c_y(\sigma_i)(i = 1, \cdots, n-1)$ 为极小简单元素 (FM 算法中的 $\prec$-极小简单元素 $\rho_y(\sigma_i)(i = 1, \cdots, n-1)$)。

推论 2.6([104])　设 $x \in B_n$ 且 $D \subset \mathrm{USS}(x)$ 非空。如果 $D \neq \mathrm{USS}(x)$, 则存在 $y \in D$ 和 $i \in \{1, \cdots, n-1\}$ 使得 $y^{c_y(\sigma_i)} \in \mathrm{USS}(x) \setminus D$。

USS 算法旨在用 USS 集合去代替 FM 算法第二步中的SSS集合, 从而期望能够从本质上降低 FM 算法第二步的计算复杂度。表面上看, 似乎有 $\mathrm{USS}(x) = \mathrm{SSS}(x)$, 因为对任何 $y \in \mathrm{SSS}(x)$, 必然存在 $k > 0$ 使得 $\boldsymbol{c}^k(y) = y$(参见第 1 章中 Gebhardt[103] 对 USS 集合的定义)。其实, 我们认为应该这样理解 $\mathrm{USS}(x)$ 集合: 首先, 对于 $\mathrm{SSS}(x)$ 中的两个元素 y_1, y_2, 如果存在 $k > 0$ 使得 $y_1 = \boldsymbol{c}^k(y_2)$(或者 $y_2 = \boldsymbol{c}^k(y_1)$), 则视 y_1, y_2 为等价的; 然后, 就可以对集合 $\mathrm{SSS}(x)$ 根据此等价关系进行划分, 划分中的每个等价类被称为一个 U-轨道, 简称轨道 (orbit)。$\mathrm{USS}(x)$ 集合就是从每个轨道中选择一个代表元素组成的。理论上, USS 集合是SSS集合根据特定等价关系进行划分之后所得的商集, 因此 $\mathrm{USS}(x)$ 的基数要远远小于 $\mathrm{SSS}(x)$ 集合。

USS 算法的第一步是要找 $\mathrm{USS}(x)$ 集合的代表元素。然而, 根据 Gebhardt[103] 的分析, 循环操作是 $\mathrm{SSS}(x)$ 集合到自身的映射, 故对任意的 $\mathrm{SSS}(x)$ 集合中的元素 y 反复施加循环操作的话, 必然出现 $k > 0$ 使得 $\boldsymbol{c}^k(y) = y$, 故 y 直接就可以作为 $\mathrm{USS}(x)$ 的代表元素。这就是说, EM 算法的第一步直接可以作为USS算法的第一步。USS 算法不同于 EM 算法和 FM 算法之处在于: 在第二步中, 要计算的目标集合不再是 $\mathrm{SSS}(x)$, 而是小了很多的 $\mathrm{USS}(x)$。

USS 算法的详细描述见算法 2.4。

算法2.4　　计算极端顶点集的USS算法

1: procedure USS(x)	▷ 输入为 $x \in B_n$
2:　　$j = 1, i_0 \leftarrow \inf(x), j_0 \leftarrow \mathrm{len}(x)$;	
3:　　for $j < j_0$ do	▷ 找 $\mathrm{SSS}(x)$集合的代表元素
4:　　　　$x \leftarrow \boldsymbol{c}(x)$;	
5:　　　　$i_1 \leftarrow \inf(x)$;	
6:　　　　if $i_1 > i_0$ then	▷ inf值增加
7:　　　　　　$j \leftarrow 1, i_0 \leftarrow i_1$;	
8:　　　　else	
9:　　　　　　$j \leftarrow j + 1$;	
10:　　　　end if	
11:　　end for	
12:　　$j = 1, i_0 \leftarrow \sup(x)$;	
13:　　for $j < j_0$ do	
14:　　　　$x \leftarrow \boldsymbol{d}(x)$;	

```
15:        i_1 ← sup(x);
16:        if i_1 < i_0 then                                    ▷ sup值减小
17:            j ← 1, i_0 ← i_1;
18:        else
19:            j ← j + 1;
20:        end if
21:    end for
22:    y ← x, i_0 = inf(y), j_0 = sup(y);                       ▷ SSS(x)的代表元素y已经找到
23:    D ← {y};                                                 ▷ 初始化D
24:    T_0 ← {y};                                               ▷ 初始化T_0
25: L2: T ← ∅;
26:    for each y ∈ T_0 and each i ∈ {1, ⋯, n − 1} do
27:        u ← y^{c_y(σ_i)};
28:        if inf(u) = i_0 ∧ sup(u) = j_0 ∧ Orbit(u) ∩ D = ∅ then
29:            T ← T ∪ {u};
30:        end if
31:    end for
32:    if T ≠ ∅ then
33:        D ← D ∪ T;
34:        T_0 ← T;
35:        Goto L2;
36:    else                                                     ▷ 集合D不再增大
37:        USS ← D;
38:    end if
39:    Return USS;
40: end procedure
```

USS 算法复杂性分析如下。

(1) 第一步，求 USS(x) 的代表元素。同 EM 算法和 FM 算法，即最好 $\mathcal{O}(l^2 n^3 \log n)$，最坏 $\mathcal{O}(l^3 n^3 \log n)$。

(2) 第二步，计算 USS(x) 集合。首先，对给定的 $y \in$ USS(x) 和 i，要计算 $u = y^{c_y(σ_i)}$，这一步的计算复杂度为 $\mathcal{O}(l^2 n^3 \log n)$；然后，还要判断 $u \in$ USS(x) \ D 是否成立。这又分为三个子步骤。

① 首先，判断 u 是否属于 SSS(x)，即判断是否有 inf(u) = inf(y) 和 sup(u) = sup(y) 同时成立。这步的复杂度就是计算 u 的规范型 (y 的规范型在前面的步骤中已经求得)，其复杂度为 $\mathcal{O}(l^2 n \log n)$。

② 其次，反复对 u 施加循环操作，直到出现循环，即遇到某个 $k > 0$ 使得 $c^k(u) = u$，这样就得到了 u 在循环操作下的轨道，记为 Orbit(u)。这步的复杂度就是 u 的轨道的长度乘以一次循环操作的复杂度。不同的 u 的轨道长度可能是不同的，但是目前还没有人给出其上界是什么。

③ 然后，判断是否有 $\mathrm{Orbit}(u) \cap D = \varnothing$：如果是，则 $u \in \mathrm{USS}(x) \setminus D$, 否则不然。这步的操作其实可以和上一步合并执行，即在对 u 反复施加循环操作以求其轨道的过程中，对每得到的一个中间元素 u'，都判断其是否在当前的 D 中。故第二步的计算复杂度应该为

$$\mathcal{O}(|\mathrm{USS}| \cdot n \cdot (l^2 n^3 \log n + l^2 n \log n + \overline{|\mathrm{Orbit}(u)|} \cdot \mathcal{O}(c)))$$

式中，$\overline{|\mathrm{Orbit}(u)|}$ 表示不同的 u 的轨道长度的平均值；$\mathcal{O}(c)$ 表示循环操作的复杂度。考虑 $\mathcal{O}(c)$ 不超过计算一个辫子规范型的复杂度 $\mathcal{O}(l^2 n \log n)$。所以，这步的复杂度应该为

$$\max\{\mathcal{O}(|\mathrm{USS}| \cdot l^2 n^4 \log n), \mathcal{O}(|\mathrm{USS}| \cdot \overline{|\mathrm{Orbit}(u)|} \cdot l^2 n^2 \log n)\}$$

由于 USS 集合的本质就是从每个轨道 $\mathrm{Orbit}(u)$ 中仅选择一个代表元素组成，所以 $|\mathrm{USS}| \cdot \overline{|\mathrm{Orbit}(u)|} \approx |\mathrm{SSS}|$。故

(1) 如果 $\overline{|\mathrm{Orbit}(u)|} = \mathcal{O}(n)$, 则 $|\mathrm{USS}| = \mathcal{O}(|\mathrm{SSS}| \cdot n^{-1})$, 此时，USS 算法的第二步的复杂度为 $\mathcal{O}(|\mathrm{SSS}| \cdot l^2 n^3 \log n)$。相比于 FM 算法的第二步的复杂度，USS 算法有所改进，n 的次数降低了 1 次。

(2) 如果 $\overline{|\mathrm{Orbit}(u)|} = \mathcal{O}(n^k), k \geqslant 2$, 则 $|\mathrm{USS}| = \mathcal{O}(|\mathrm{SSS}| \cdot n^{-2})$, 此时，USS 算法的第二步的复杂度恰为 $\mathcal{O}(|\mathrm{SSS}| \cdot l^2 n^2 \log n)$。相比于 FM 算法的第二步的复杂度，USS 算法有所改进，n 的次数降低了 2 次。

综上，USS 算法的计算复杂度如表 2.4 所示。同样，如果 $\mathrm{SSS}(x)$ 集合的大小没有多项式界，则 USS 算法的计算复杂度也不是多项式有界的。

表 2.4　USS 算法的计算复杂度

步骤	目的/含义	复杂度	
		最好情形	最坏情形
第一步	寻找 $\mathrm{SSS}(x)$ 的代表元素	$\mathcal{O}(l^2 n^3 \log n)$	$\mathcal{O}(l^3 n^3 \log n)$
第二步	计算 $\mathrm{USS}(x)$ 集合	$\mathcal{O}(|\mathrm{SSS}(x)| \cdot l^2 n^3 \log n)^a$	
		$\mathcal{O}(|\mathrm{SSS}(x)| \cdot l^2 n^2 \log n)^b$	
$|\mathrm{SSS}(x)|$	超级顶点集合的大小	未知	
$|\mathrm{USS}(x)|$	极端顶点集合的大小	未知	

注：a 当 $\overline{|\mathrm{Orbit}(u)|} = \mathcal{O}(n)$ 时；b 当 $\overline{|\mathrm{Orbit}(u)|} = \mathcal{O}(n^k), k \geqslant 2$ 时。

注 2.1　对于 USS 算法，我们的分析结果和 Gebhardt 在文献 [103] 和 [104] 中宣称的结果大不相同。Gebhardt 给出的 USS 算法的第二步的计算复杂性为 $\mathcal{O}(|\mathrm{USS}| \cdot l^2 n^4 \log n)$(这个结果我们其实也分析到了)。但是，他没有考虑每个轨道 $\mathrm{Orbit}(u)$ 的大小，也没有进一步分析每个轨道、极端顶点集 (USS) 和超级顶点集 (SSS) 三者之间的关系。相反，他仅通过一些测试结果，就猜测 USS 集合可能以参

数 n 和 l 的某个多项式 (甚至是线性的) 为界。我们认为，这个猜想过于乐观了。其实，我们的分析表明，USS 集合的大小和 U-轨道的平均大小，就像跷跷板，压下这头，就抬起另外一头。而且，轨道大小对 USS 算法的复杂性是不能忽略的。所以，如果 Gebhardt 认为 SSS 集合的大小不大可能有多项式界[103]，那么，就不能认为 USS 算法的复杂性有多项式界。因为此时如果 USS 集合的大小有多项式界，则轨道大小就不可能会有多项式界。

2.3.5　辫群的小消去条件与 CSP 难解性

几乎所有被攻破的基于辫群的密码方案都是基于共轭搜索问题的某个变种问题的，而不是直接基于 CSP 本身。这种状况启发研究人员开始探索基于 CSP 难解性的其他公钥密码平台，即考察其他非交换代数结构，希望定义在其上的共轭搜索问题能够被证明是难解的。在 2004 年, Shpilrain 和 Zapata[129] 认为，如果一个群 G 满足小消去条件 $C(4)$ 和 $T(4)$, 但不满足小消去条件 $C'\left(\dfrac{1}{6}\right)$, 则群 G 可能会是一个较好的构造基于 CSP 难解性的公钥密码方案的平台。然而，在本节中，我们①将证明，这个条件也是不够的。这样的小消去条件甚至都不能保证群 G 是非交换的，而非交换性是 CSP 难解的必要条件。

我们这里介绍的小消去条件理论 (small cancellation theory) 主要的依据来自文献 [130]。设 $F(X)$ 是定义在基 $X = \{x_i : i \in I\}$ 上的自由群，其中 I 是一个指标集。生成子及其逆的集合 Y 中的每个元素称为一个字母 (letter), 由有限个字母构成的串 $w = y_1 y_2 \cdots y_m (y_j \in Y)$ 称为一个字 (word), 整数 m 称为字的长度，记为 $|w| = m$。除了单位元 1, $F(X)$ 中的其他元素都可以表示为一个即约字 (reduced word): 一个字 $w = y_1 y_2 \cdots y_m$ 称为即约的是指没有任何两个相继的字母构成互逆对，即对 j 从 1 到 $m-1$, $y_j y_{j+1}$ 均不构成 $x_i x_i^{-1}$ 或者 $x_i^{-1} x_i$(对任意的 $i \in I$)。直观上，在一个字中，如果某两个相继的字母构成互逆对，则把它们同时从这个字中消去，该字的值不变。所以，即约字的含义就是该字中不存在这样的可以直接消去的互逆对。一个即约字 $w = y_1 y_2 \cdots y_m$ 当 $y_m \neq y_1^{-1}$ 时称为循环即约的 (cyclically reduced), 即其首字母和尾字母也不构成互逆对。如果 $y_1 y_2 \cdots y_m$ 是循环即约的，则其循环即约共轭包括: $y_2 \cdots y_m y_1$, $y_3 \cdots y_m y_1 y_2$, $\cdots$, $y_m y_1 \cdots y_{m-1}$。$F(X)$ 的一个子集 R 称为对称的 (symmetrized) 是指: R 中的每个元素都是循环即约的，并且对 R 中的每个元素 r, r 和 r^{-1} 的所有循环即约共轭 (cyclically reduced conjugates) 都仍然属于 R。

设 $D = \{d_i : i \in J\}$ 是自由群 $F(X)$ 的一个非空子集, J 是一个指标集。我们可以按照如下步骤构造对称集 (symmetrized set), 记为 $R(D)$: 首先, 定义集

---

①本节工作系曾鹏与本书作者共同完成。

合 $D' = \{d'_i : d_i \in D\}$, 其中 d'_i 表示 d_i 的循环即约形式。例如, 对于字 $d_i = x_1 x_4 x_3 x_2 x_2^{-1} x_4^{-1} x_1^{-1}$, 我们有 $d'_i = x_3$。然后, 令集合 $C(D) = \bigcup_{d' \in D'} c(d')$, 其中 $c(d')$ 是 d' 的全部循环共轭。例如, 对于循环即约字 $d' = x_1 x_2 x_3$, 我们有 $c(d') = \{x_1 x_2 x_3, x_2 x_3 x_1, x_3 x_1 x_2\}$。最后, $R(D) = C(D) \cup C(D)^{-1}$。注意, 在本节, 对任意集合 S, 我们定义 $S^{-1} = \{s^{-1} : s \in S\}$。

设群 G 可以由 $< X|D >$ 表出, 其中 X 为生成子集合, D 为生成关系集合。一个非空的字 $b \in F(X)$ 称为 G 的一个小片 (piece) 是指: 存在 $R(D)$ 中的两个不同的且非互逆的元素 r_1, r_2 使得 $r_1 = bc_1$ 并且 $r_2 = bc_2$。直观上, 由于 b 在乘积 $r_1^{-1} r_2$ 中被消去, 所以小片就是可以被 $R(D)$ 中两个不同的且非互逆的元素相乘相消的部分。我们记 G 的全体小片的集合为 $P(G)$。

设群 G 由 $< X|D >$ 表出, 人们定义了如下三个小消去条件 (small cancellation conditions)。

(1) 条件 $C'(\lambda)$: 如果 $r \in R(D)$ 对某些个 $u \in P(G)$ 满足 $r = uv$, 则 $|u| < \lambda|r|$, 其中 λ 是一个正实数。也就是说, 对于对称集里的任何元素, 如果某个小片是其前缀, 则该小片 (的长度) 所占的比例严格小于 λ。

(2) 条件 $C(p)$: 对称集 $R(D)$ 中的每个元素均不是小于 p 个小片的乘积, 这里 p 为自然数。

(3) 条件 $T(q)$: 设 $3 \leqslant h < q$, 其中 q 是一个自然数。如果 $R(D)$ 的某 h 个元素 $r_1, r_2, \cdots, r_h$ 中没有相继的两个元素 r_i, r_{i+1} 是互逆对, 则 h 个乘积 $r_1 \cdot r_2, r_2 \cdot r_3, \cdots, r_{h-1} \cdot r_h, r_h \cdot r_1$ 中至少有一个是即约的且没有消去发生。

注 2.2　人们也把 $C'(\lambda)$ (或 $C(p), T(q)$) 看作满足条件 $C'(\lambda)$ (或 $C(p), T(q)$) 的群的集合。因此, $C(p) \cap T(q) \setminus C'(\lambda)$ 表示满足条件 $C(p)$ 和 $T(q)$ 而不满足条件 $C'(\lambda)$ 的群的集合。显然, 对于任意的群 G 和两个正实数 λ_1, λ_2 以及两个自然数 p_1, p_2, 我们有

$$\lambda_1 < \lambda_2 \Rightarrow (G \in C'(\lambda_1) \Rightarrow G \in C'(\lambda_2)) \text{ 且 } p_1 < p_2 \Rightarrow (G \in C(p_2) \Rightarrow G \in C(p_1))$$

在 2004 年, Shpilrain 和 Zapata[129] 建议用满足小消去条件 $C(4)$ 和 $T(4)$ 而不满足 $C'\left(\dfrac{1}{6}\right)$ 的群作为实现基于共轭搜索问题 (CSP) 的密码学平台。Shpilrain 和 Zapata 并没有明确解释他们持此观点的理由, 但通过上下文, 可以看出有以下启发式思路。

(1) 一方面, Shpilrain 和 Zapata 认为 "对于满足小消去条件 $C(4)$ 和 $T(4)$ 的群而言, 定义在其上的 CSP 问题目前还没有多项式时间的求解算法" (见文献 [129] 之第 3 页第 5 段)。

(2) 另一方面, "定义在双曲线群 (hyperbolic groups) 上的 CSP 问题是可以被

快速求解的, 并且所有有限表出的满足小消去条件 $C'\left(\dfrac{1}{6}\right)$ 的群是双曲线群"(见文献 [129] 之第 3 页第 3 段)。

如果 Shpilrain 和 Zapata 的观点是正确的, 那么对于基于 CSP 问题的公钥密码学, 将是很有意义的。然而, 遗憾的是, 我们发现这个条件既不是必要的, 也不是充分的。我们将通过下面的两个反例来说明这个问题。

例 2.1 必要性的反例。设 $S \subseteq \mathbb{N}$ 是一个递归可枚举集[1], 其中 $\mathbb{N}$ 为自然数集合。定义递归表出群[2]

$$H_S = \langle a, b, c, d | a^{-i}ba^i = c^{-i}dc^i, \forall\, i \in S \rangle$$

人们已知 H_S 上的共轭问题 (conjugacy problem, CP) 是递归不可解的[131]。CP 问题不比 CSP 问题难, 因此 H_S 中的 CSP 问题也是递归不可解的 —— 自然是难解的 (intractable)。

现在, 我们来计算 H_S 的小消去条件。根据群 H_S 的表出定义, 我们得到关系子集合

$$D = \{a^{-i}ba^ic^{-i}d^{-1}c^i, \forall\, i \in S\}$$

因而

$$D^{-1} = \{c^{-i}dc^ia^{-i}b^{-1}a^i, \forall\, i \in S\}$$

于是, 对称集 $R(D)$ 如图 2.3 所示。首先, 对任意的 $i \in S$, $a^{\pm i}, b^{\pm 1}, c^{\pm i}$ 和 $d^{\pm 1}$ 均是小片 (pieces); 其次, $a^{-(i-1)}ba^{i-1}, c^{-(i-1)}dc^{i-1}$ 也是小片。这表明 $H_S \in C(2)$。根据 $C(p)$ 条件的定义, 我们有 $H_S \notin C(4)$。这说明小消去条件 $C(4)$ 并不是 CSP 难解性的必要条件。

尽管如此, 我们发现 Shpilrain 和 Zapata 所建议的另外两个小消去条件, 对于 CP 问题不可解群 H_S 是成立的。首先, 对任意的 $i \in S$, 考虑小片 $a^{-i} \in P(H_S)$ 和关系子 $a^{-i}ba^ic^{-i}d^{-1}c^i \in R(D)$, 有

$$\frac{|a^{-i}|}{|a^{-i}ba^ic^{-i}d^{-1}c^i|} = \frac{i}{4i+2} \geqslant \frac{1}{6}$$

因此, 这表明 $H_S \notin C'\left(\dfrac{1}{6}\right)$。剩下的事情就是证明 $H_S \in T(4)$。

假定 $H_S \notin T(4)$。根据小消去条件 $T(4)$ 的定义 (此时, 取 $h = 3$), 存在 $R(D)$ 中 3 个元素 r_1, r_2 和 r_3, 使得在下列 3 个乘积中, 均有消去发生:

$$r_1 \cdot r_2, \quad r_2 \cdot r_3, \quad r_3 \cdot r_1$$

---

①关于递归可枚举集的概念请参照附录 A。
②关于递归表出群的概念请参照附录 B。

我们现在来证明这是不可能的。

$$R(D) = \begin{cases} \begin{array}{ll} a^{-i}ba^ic^{-i}d^{-1}c^i & c^{-i}dc^ia^{-i}b^{-1}a^i \\ a^{-(i-1)}ba^ic^{-i}d^{-1}c^ia^{-1} & c^{-(i-1)}dc^ia^{-i}b^{-1}a^ic^{-1} \\ \cdots & \cdots \\ a^{-1}ba^ic^{-i}d^{-1}c^ia^{-(i-1)} & c^{-1}dc^ia^{-i}b^{-1}a^ic^{-(i-1)} \\ ba^ic^{-i}d^{-1}c^ia^{-i} & dc^ia^{-i}b^{-1}a^ic^{-i} \\ a^ic^{-i}d^{-1}c^ia^{-i}b & c^ia^{-i}b^{-1}a^ic^{-i}d \\ a^{i-1}c^{-i}d^{-1}c^ia^{-i}ba & c^{i-1}a^{-i}b^{-1}a^ic^{-i}dc \\ \cdots & \cdots \\ ac^{-i}d^{-1}c^ia^{-i}ba^{i-1} & ca^{-i}b^{-1}a^ic^{-i}dc^{i-1} \\ c^{-i}d^{-1}c^ia^{-i}ba^i & a^{-i}b^{-1}a^ic^{-i}dc^i \\ c^{-(i-1)}d^{-1}c^ia^{-i}ba^ic^{-1} & a^{-(i-1)}b^{-1}a^ic^{-i}dc^ia^{-1} \\ \cdots & \cdots \\ c^{-1}d^{-1}c^ia^{-i}ba^ic^{-(i-1)} & a^{-1}b^{-1}a^ic^{-i}dc^ia^{-(i-1)} \\ d^{-1}c^ia^{-i}ba^ic^{-i} & b^{-1}a^ic^{-i}dc^ia^{-i} \\ c^ia^{-i}ba^ic^{-i}d^{-1} & a^ic^{-i}dc^ia^{-i}b^{-1} \\ c^{i-1}a^{-i}ba^ic^{-i}d^{-1}c & a^{i-1}c^{-i}dc^ia^{-i}b^{-1}a \\ \cdots & \cdots \\ ca^{-i}ba^ic^{-i}d^{-1}c^{i-1} & ac^{-i}dc^ia^{-i}b^{-1}a^{i-1} : i \in S \end{array} \end{cases}$$

图 2.3　对称集 $R(D)$

为方便证明, 我们需要引入一些记号。我们使用 $\bar{a}, \bar{b}, \bar{c}$ 和 $\bar{d}$ 来分别代表 a^{-1}, b^{-1}, c^{-1} 和 d^{-1}。模式 (pattern) $x\Box y$ 是指一个集合, 其定义如下:

$$x\Box y = \{r \in R(D) : f(r) = x, l(r) = y\}$$

式中, $f(r)$ 和 $l(r)$ 分别表示 r 的第一个和最后一个字母。等式 $x\Box y = \varnothing$ 表示 $x\Box y$ 是一个不可能出现的模式。

通过进一步的观察, 我们发现 $R(D)$ 中的元素可以划分为下列 14 种可能的模式:

$$\bar{a}\Box c, \ \bar{a}\Box\bar{a}, \ a\Box b, \ a\Box a, \ a\Box\bar{b}, \ b\Box\bar{a}, \ \bar{b}\Box\bar{a}$$
$$\bar{c}\Box a, \ \bar{c}\Box\bar{c}, \ c\Box\bar{d}, \ c\Box c, \ c\Box d, \ \bar{d}\Box\bar{c}, \ d\Box\bar{c}$$

现在, 假定在乘积 $r_1 \cdot r_2$, $r_2 \cdot r_3$ 和 $r_3 \cdot r_1$ 中均有消去发生, 让我们来枚举 r_1 的所有可能采取的模式, 并逐步推导 r_2 和 r_3 可能采取的模式, 每当推导出一个不可能的模式时, 说明产生了一个矛盾。

(1) $r_1 \in \bar{a}\Box c \Rightarrow \begin{cases} r_2 \in \bar{c}\Box a \Rightarrow r_3 \in \bar{a}\Box a = \varnothing \\ r_2 \in \bar{c}\Box\bar{c} \Rightarrow r_3 \in c\Box a = \varnothing \end{cases}$

(2) $r_1 \in \bar{a}\Box\bar{a} \Rightarrow \begin{cases} r_2 \in a\Box a \Rightarrow r_3 \in \bar{a}\Box a = \varnothing \\ r_2 \in a\Box b \Rightarrow r_3 \in \bar{b}\Box a = \varnothing \\ r_2 \in a\Box\bar{b} \Rightarrow r_3 \in b\Box a = \varnothing \end{cases}$

(3) $r_1 \in a\square b \Rightarrow r_2 \in \bar{b}\square\bar{a} \Rightarrow r_3 \in a\square\bar{a} = \varnothing$

(4) $r_1 \in a\square a \Rightarrow \begin{cases} r_2 \in \bar{a}\square c \Rightarrow r_3 \in \bar{c}\square\bar{a} = \varnothing \\ r_2 \in \bar{a}\square\bar{a} \Rightarrow r_3 \in a\square\bar{a} = \varnothing \end{cases}$

(5) $r_1 \in a\square\bar{b} \Rightarrow r_2 \in b\square\bar{a} \Rightarrow r_3 \in a\square\bar{a} = \varnothing$

(6) $r_1 \in b\square\bar{a} \Rightarrow \begin{cases} r_2 \in a\square a \Rightarrow r_3 \in \bar{a}\square\bar{b} = \varnothing \\ r_2 \in a\square b \Rightarrow r_3 \in \bar{b}\square\bar{b} = \varnothing \\ r_2 \in a\square\bar{b} \Rightarrow r_3 \in b\square\bar{b} = \varnothing \end{cases}$

(7) $r_1 \in \bar{b}\square\bar{a} \Rightarrow \begin{cases} r_2 \in \square a \Rightarrow r_3 \in \bar{a}\square b = \varnothing \\ r_2 \in a\square b \Rightarrow r_3 \in \bar{b}\square b = \varnothing \\ r_2 \in a\square\bar{b} \Rightarrow r_3 \in b\square b = \varnothing \end{cases}$

(8) $r_1 \in \bar{c}\square a \Rightarrow \begin{cases} r_2 \in \bar{a}\square c \Rightarrow r_3 \in \bar{c}\square c = \varnothing \\ r_2 \in \bar{a}\square\bar{a} \Rightarrow r_3 \in a\square c = \varnothing \end{cases}$

(9) $r_1 \in \bar{c}\square\bar{c} \Rightarrow \begin{cases} r_2 \in c\square c \Rightarrow r_3 \in \bar{c}\square c = \varnothing \\ r_2 \in c\square d \Rightarrow r_3 \in \bar{d}\square c = \varnothing \\ r_2 \in c\square\bar{d} \Rightarrow r_3 \in d\square c = \varnothing \end{cases}$

(10) $r_1 \in c\square\bar{d} \Rightarrow r_2 \in d\square\bar{c} \Rightarrow r_3 \in c\square\bar{c} = \varnothing$

(11) $r_1 \in c\square c \Rightarrow \begin{cases} r_2 \in \bar{c}\square a \Rightarrow r_3 \in \bar{a}\square c = \varnothing \\ r_2 \in \bar{c}\square\bar{c} \Rightarrow r_3 \in c\square\bar{c} = \varnothing \end{cases}$

(12) $r_1 \in c\square d \Rightarrow r_2 \in \bar{d}\square\bar{c} \Rightarrow r_3 \in c\square\bar{c} = \varnothing$

(13) $r_1 \in \bar{d}\square\bar{c} \Rightarrow \begin{cases} r_2 \in c\square c \Rightarrow r_3 \in \bar{c}\square d = \varnothing \\ r_2 \in c\square d \Rightarrow r_3 \in \bar{d}\square d = \varnothing \\ r_2 \in c\square\bar{d} \Rightarrow r_3 \in d\square d = \varnothing \end{cases}$

(14) $r_1 \in d\square\bar{c} \Rightarrow \begin{cases} r_2 \in c\square c \Rightarrow r_3 \in \bar{c}\square\bar{d} = \varnothing \\ r_2 \in c\square d \Rightarrow r_3 \in \bar{d}\square\bar{d} = \varnothing \\ r_2 \in c\square\bar{d} \Rightarrow r_3 \in d\square\bar{d} = \varnothing \end{cases}$

上述枚举证明: 无论 r_1 采取何种模式, 我们最后都会遇到一个矛盾. 因此, 我们的假设"在 3 个乘积中均有消去发生"是错误的, 即我们不可能从对称集 $R(D)$ 中找到 3 个元素 r_1, r_2, r_3 使得在乘积 $r_1 \cdot r_2$, $r_2 \cdot r_3$ 和 $r_3 \cdot r_1$ 中均有消去发生. 因此, $H_S \in T(4)$ 成立.

例 2.2 充分性的反例. 设群 G_1 由下列表出定义:

$$G_1 = \langle a, b | a^{-1}b^{-1}ab \rangle$$

显然, 群 G_1 是一个 Abelian 群, 因为关系子 $a^{-1}b^{-1}ab = 1$ 蕴涵 $ab = ba$。于是, 群 G_1 中的 CSP 问题就成平凡的了。所以, 如果我们能够证明群 G_1 也属于 $C(4) \cap T(4) \setminus C'\left(\dfrac{1}{6}\right)$ 类, 则 G_1 就是针对 Shpilrain 和 Zapata 所持观点的一个反例。进而, 小消去条件 $C(4) \cap T(4) \setminus C'\left(\dfrac{1}{6}\right)$ 作为选择基于 CSP 问题的密码学实现平台的依据就是不充分的。因为我们知道, 这样的平台至少必须是非交换群。现在, 我们来证明下列结论。

定理 2.6　$G_1 \in C(4) \cap T(4) \setminus C'\left(\dfrac{1}{6}\right)$。

证明　从群 G_1 的表出定义我们知道关系子集合 D 仅含一个元素 $a^{-1}b^{-1}ab$。因此, 可得对称集

$$R(D) = \left\{ \begin{array}{l} a^{-1}b^{-1}ab,\ b^{-1}aba^{-1},\ aba^{-1}b^{-1},\ ba^{-1}b^{-1}a, \\ b^{-1}a^{-1}ba,\ a^{-1}bab^{-1},\ bab^{-1}a^{-1},\ ab^{-1}a^{-1}b \end{array} \right\}$$

和全体小片的集合 $P(G_1) = \{a^{\pm 1}, b^{\pm 1}\}$, 后者等价于所有字母 (及其逆) 的集合。故 $G_1 \in C(4)$ 和 $G_1 \notin C'\left(\dfrac{1}{6}\right)$ 显然是成立的。剩下的事情就是证明 $G_1 \in T(4)$。

首先, $R(D)$ 中的每个元素都对应如下 8 种模式之一:

$$\{a^{\pm 1} \square b^{\pm 1}, b^{\pm 1} \square a^{\pm 1}\}$$

现在用反证法, 假定 $G_1 \notin T(4)$。这表明存在 $R(D)$ 中的某 3 个元素 r_1, r_2 和 r_3, 使得在下列 3 个乘积中, 均有消去发生:

$$r_1 \cdot r_2,\ r_2 \cdot r_3,\ r_3 \cdot r_1$$

如果我们把所有字母分成两个不相交的集合

$$A = \{a, a^{-1}\},\ B = \{b, b^{-1}\}$$

则对于 $R(D)$ 中的任何 r, $f(r)$ 和 $l(r)$ 不可能同时属于 A 或 B。假设 $l(r_1) \in B$, 则在乘积 $r_1 \cdot r_2$ 中有消去发生意味着 $f(r_2) \in B$; 故应当有 $l(r_2) \in A$。进而, 在乘积 $r_2 \cdot r_3$ 中有消去发生意味着 $f(r_3) \in A$; 进而应有 $l(r_3) \in B$。最后, 在乘积 $r_3 \cdot r_1$ 中有消去发生意味着 $f(r_1) \in B$; 从而, 我们得到 $f(r_1)$ 和 $l(r_1)$ 同时属于集合 B, 这是一个矛盾。

如果假设 $l(r_1) \in A$, 类似地, 我们也不可避免遇到矛盾。因此, 假设 $G_1 \notin T(4)$ 不能成立。故 $G_1 \in T(4)$。

证毕。

上述反例说明, Shpilrain 和 Zapata 提出的小消去条件 $C(4) \cap T(4) \setminus C'\left(\frac{1}{6}\right)$ 并不能保证定义在某个群上的 CSP 问题是难解的。事实上, 到目前为止, 我们还没有找到保证 CSP 问题难解性的充分条件。

最后, 为了进一步理解辫群, 我们不妨也计算一下辫群的小消去条件。根据辫群 B_n 的 Artin 表出

$$\langle \sigma_1, \cdots, \sigma_{n-1} |\ \sigma_i \sigma_j = \sigma_j \sigma_i \text{ for } |i-j| \geqslant 2;\ \sigma_i \sigma_j \sigma_i = \sigma_j \sigma_i \sigma_j \text{ for } |i-j|=1 \rangle$$

关系子集合 D 可以分为两个子集: $D_1 = \{\sigma_i \sigma_j \bar{\sigma}_i \bar{\sigma}_j : |i-j| \geqslant 2\}$, $D_2 = \{\sigma_i \sigma_j \sigma_i \bar{\sigma}_j \bar{\sigma}_i \bar{\sigma}_j : |i-j|=1\}$, 其中, $\bar{\sigma}_i$ 表示 σ_i^{-1}。经过简单计算, 我们得到两个对称集 $R(D_1)$ 和 $R(D_2)$。其中, $R(D_1)$ 包含下列元素:

$$\begin{cases} \sigma_i \sigma_j \bar{\sigma}_i \bar{\sigma}_j,\ \sigma_j \bar{\sigma}_i \bar{\sigma}_j \sigma_i,\ \bar{\sigma}_i \bar{\sigma}_j \sigma_i \sigma_j,\ \bar{\sigma}_j \sigma_i \sigma_j \bar{\sigma}_i \\ \sigma_j \sigma_i \bar{\sigma}_j \bar{\sigma}_i,\ \sigma_i \bar{\sigma}_j \bar{\sigma}_i \sigma_j,\ \bar{\sigma}_j \bar{\sigma}_i \sigma_j \sigma_i,\ \bar{\sigma}_i \sigma_j \sigma_i \bar{\sigma}_j (j=1, \cdots, n-3;\ j+2 \leqslant i \leqslant n-1) \end{cases}$$

而 $R(D_2)$ 则包含如下元素:

$$\begin{cases} \sigma_i \sigma_{i+1} \sigma_i \bar{\sigma}_{i+1} \bar{\sigma}_i \bar{\sigma}_{i+1},\ \sigma_{i+1} \sigma_i \bar{\sigma}_{i+1} \bar{\sigma}_i \bar{\sigma}_{i+1} \sigma_i,\ \sigma_i \bar{\sigma}_{i+1} \bar{\sigma}_i \bar{\sigma}_{i+1} \sigma_i \sigma_{i+1} \\ \bar{\sigma}_{i+1} \bar{\sigma}_i \bar{\sigma}_{i+1} \sigma_i \sigma_{i+1} \sigma_i,\ \bar{\sigma}_i \bar{\sigma}_{i+1} \sigma_i \sigma_{i+1} \sigma_i \bar{\sigma}_{i+1},\ \bar{\sigma}_{i+1} \sigma_i \sigma_{i+1} \sigma_i \bar{\sigma}_{i+1} \bar{\sigma}_i \\ \sigma_{i+1} \sigma_i \sigma_{i+1} \bar{\sigma}_i \bar{\sigma}_{i+1} \bar{\sigma}_i,\ \sigma_i \sigma_{i+1} \bar{\sigma}_i \bar{\sigma}_{i+1} \bar{\sigma}_i \sigma_{i+1},\ \sigma_{i+1} \bar{\sigma}_i \bar{\sigma}_{i+1} \bar{\sigma}_i \sigma_{i+1} \sigma_i \\ \bar{\sigma}_i \bar{\sigma}_{i+1} \sigma_i \sigma_{i+1} \sigma_i \sigma_{i+1},\ \bar{\sigma}_{i+1} \sigma_i \sigma_{i+1} \sigma_i \sigma_{i+1} \bar{\sigma}_i,\ \bar{\sigma}_i \sigma_{i+1} \sigma_i \sigma_{i+1} \bar{\sigma}_i \bar{\sigma}_{i+1} (i=1, 2, \cdots, n-2) \end{cases}$$

因此, 我们可得到对称集 $R(D) = R(D_1) \cup R(D_2)$。现在来考虑 B_n 的小片集合 $P(B_n)$。首先, 我们注意到所有的字母 $\sigma_k^{\pm 1}$ ($k=1, 2, \cdots, n-1$) 是小片。通过进一步观察, 我们发现 $(\sigma_i \sigma_j)^{\pm 1}$ ($|i-j|=1$) 也是小片。并且, 除了这两种小片, 再无其他形式的小片。因此, 我们有 $P(B_n) = \{\sigma_k^{\pm 1}, (\sigma_i \sigma_j)^{\pm 1} : k=1, \cdots, n-1; |i-j|=1\}$。

现在, 我们来分析辫群的小消去条件。

引理 2.1 $\quad B_n \in C(4) \setminus C'\left(\frac{1}{6}\right)$。

证明 $\quad B_n \in C(4)$ 显然成立, 因为最短的关系子的长度是 4 而且每个字母都是一个小片。对于小消去条件 $C'(\lambda)$, 考虑小片 $\sigma_1 \sigma_2 \in P(B_n)$ 和关系子 $\sigma_1 \sigma_2 \sigma_1 \bar{\sigma}_2 \bar{\sigma}_1 \bar{\sigma}_2 \in D_2 \subseteq R(D)$, 我们有

$$|\sigma_1 \sigma_2| = \frac{1}{3} |\sigma_1 \sigma_2 \sigma_1 \bar{\sigma}_2 \bar{\sigma}_1 \bar{\sigma}_2| \not< \frac{1}{6} |\sigma_1 \sigma_2 \sigma_1 \bar{\sigma}_2 \bar{\sigma}_1 \bar{\sigma}_2|$$

因此 $B_n \notin C'\left(\frac{1}{6}\right)$。

证毕。

引理 2.2　对任意 $n \geqslant 5, B_n \notin T(4)$。

证明　为了证明 $B_n \notin T(4)$，只要我们能够找到 $R(D)$ 中的 3 个元素 r_1, r_2, r_3 使得 $r_1 \neq r_2^{-1}, r_2 \neq r_3^{-1}$ 并且在乘积 $r_1 \cdot r_2, r_2 \cdot r_3$ 和 $r_3 \cdot r_1$ 中均有消去发生。显然，下列三个元素就满足此条件：

$$r_1 = \sigma_1 \sigma_3 \bar{\sigma}_1 \bar{\sigma}_3, \ r_2 = \sigma_3 \sigma_4 \sigma_3 \sigma_4 \bar{\sigma}_3 \bar{\sigma}_4, \ r_3 = \sigma_4 \sigma_1 \bar{\sigma}_4 \bar{\sigma}_1$$

证毕。

根据引理 2.1 和 2.2，我们立即得到下列结论。

定理 2.7　对任意 $n \geqslant 5$，辫群 $B_n \notin C(4) \cap T(4) \setminus C'\left(\dfrac{1}{6}\right)$。

注 2.3　我们猜测：也许 Shpilrain 和 Zapate 在计算了辫群的小消去条件后，发现辫群不满足小消去条件 $C(4) \cap T(4) \setminus C'\left(\dfrac{1}{6}\right)$，因此认为辫群并不是一个很好的基于 CSP 问题的实现公钥密码系统的平台。至于能否找到容易验证的可以保证 CSP 难解性的小消去条件，或者找到其他理论工具，来帮助我们寻找适合构建基于 CSP 问题的密码体制的代数系统，是一个很有挑战性的理论课题。在这方面，Miller[131] 列举的关于群中判断型问题的 (不) 可解性结果也许更有启发 (附录 B)。

第 3 章　基于辫群的比特承诺协议设计与分析

3.1　比特承诺协议

比特承诺原语可以追溯到 Rabin[132] 和 Blum[133] 早期的工作, 其基本思想是: Alice 可以发送给 Bob 一个证明, 用来向 Bob 作出承诺; 而承诺的内容是一比特, 即 0 或者 1; 但是, 一方面, 在 Alice 未打开此承诺之前, Bob 无法得知 Alice 承诺的到底是 0 还是 1; 另一方面, Alice 也不能打开一个跟最初的承诺相反的比特。一个通俗的比喻就是: 在承诺阶段, Alice 把承诺写到一张纸上, 并把这张纸锁到一个箱子里, 最后把这个箱子交给 Bob; 到了打开阶段, Alice 再把开锁的钥匙交给 Bob。这里, "锁" 和 "箱子" 的隐含语义就是: 如果没有钥匙, Bob 是无法知道箱子里的纸条上的内容的。而 "箱子交给 Bob" 的隐含语义就是: Alice 不可能改变箱子里的内容, 而且箱子里的内容自身也不可能发生改变, 它刚被锁进去时是什么内容, 无论在何时打开箱子进行验证时, 还应该是什么内容。

比特承诺协议有两个安全属性: 绑定 (binding) 和隐藏 (hiding)。绑定属性是说承诺方 (promisee)(例如, 前面叙述中的 Alice) 不能成功地欺骗承诺的接受方 (acceptant)(例如, 前面叙述中的 Bob) 而不被发觉; 隐藏属性是说承诺的接受方无法作弊, 即在承诺方打开承诺之前获取所承诺的信息。一个比特承诺协议被称为是安全的当且仅当该协议同时满足绑定属性和隐藏属性。如果一个比特承诺协议的绑定属性 (或隐藏属性) 的成立依赖于某个计算困难性假设, 则我们就说它是计算上绑定的 (或计算上隐藏的); 否则, 如果绑定属性 (或者隐藏属性) 的成立不依赖于任何计算困难性假设, 则我们认为它就是信息论上绑定的 (或信息论上隐藏的)。

信息安全的许多内容都跟绑定和隐藏有关, 因而比特承诺协议被广泛用作构造其他高级密码协议的建筑块 (building block)[134]。例如, 它最直接的应用就是投币协议 (coin tossing protocol)[133, 135], 也可用来设计零知识证明协议 (zero-knowledge proof protocol)[136]、拍卖协议 (auction protocol)[137]、彩票方案 (lottery schemes)[138]、盲签名 (blind signatures)[139] 等。在过去的二十多年里, 人们基于比特承诺协议, 提出了各种各样的比特承诺协议的变种以及大量的高层密码协议。

然而, 随着量子计算的最新进展, 传统的公钥密码学面临新的威胁。例如, Shor[74] 提出了分解大整数的多项式复杂度的概率量子算法。求解有限域上的离散对数问题和求解定义在有限域上的基于椭圆曲线的离散对数的多项式复杂度的量子算法也随后发表[74, 76]。这些成果表明无论是基于大整数分解难题的比特承诺协议, 还是基于离散对数难题的比特承诺协议, 在量子计算环境下都不再是安全的了。

因此, 人们试图构造非基于大整数分解和离散对数难题的比特承诺协议。辫群密码是最新发展起来的, 目前还没有能够求解辫群上的 CSP 问题的量子算法。因而, 我们也基于 CSP 困难性假设, 提出了一个辫群上的比特承诺协议。

3.2　基于辫群的比特承诺协议

假定 Alice 想承诺一比特 b 给 Bob。首先, 我们通过表 3.1 描述该协议的交互流程, 然后再给出协议的详细描述。

表 3.1　基于辫群的比特承诺协议的交互流程

Bob		Alice
随机选择两个辫子 s, p		随机选择一个辫子 r
计算辫子 $p' = sps^{-1}$		
发送 (p, p') 给 Alice	$\xrightarrow{(p,p')}$	从 Bob 处接收 (p, p')
		如果 $p \sim p'$ 则继续, 否则终止
		计算 $x = (b=0)?rpr^{-1} : rp'r^{-1}$
从 Alice 处接收 x	$\xleftarrow{\quad x \quad}$	发送 x 给 Bob
保密 s		保密 (b, r)
两阶段之间的间歇		
(可以是很长的时间段)		
从 Alice 处接收 (b, r)	$\xleftarrow{(b,r)}$	发送 (b, r) 给 Bob
接受 Alice 的承诺当且仅当:		
$x = (b=0)?rpr^{-1} : rp'r^{-1}$		

基于辫群的比特承诺协议由下列两个子协议构成。

子协议 1　Commit(b)。

(1) Bob 选择两个随机辫子 s 和 p, 然后计算 $p' = sps^{-1}$。最后, 他发送①二元组 (p, p') 给 Alice, 同时保密 s。

(2) 在接收到 Bob 发送来的 (p, p') 之后, Alice 首先要检查 p 和 p' 是否共轭, 如果不共轭, 则说明 Bob 企图作弊, Alice 立即终止协议执行; 如果共轭, 则继续, 即 Alice 选择一个随机辫子 r, 并且令②

①为了避免从 uwu^{-1} 的规范型中直接读出 u 的规范型的前缀, 在发送 uwu^{-1} 之前先要对其进行搅乱操作[112]。

②在文献 [89] 中, Sibert 等使用了一个无碰撞的单向哈希函数 h 来计算承诺证据 (proof of commitments)。然而, 通过这样的方法来实现比特承诺却是平凡的, 因为: 在文献 [89] 中, h 的作用仅仅在于防止人们从 rpr^{-1} 中读出 r。这其实可以通过搅乱过程来实现; 比特承诺协议本身就可以基于任何一个无碰撞的单向哈希函数来实现[140], 因此, 结合 CSP 和一个无碰撞的单向哈希函数来实现比特承诺, 本身意义不大。

$$x = \begin{cases} rpr^{-1}, & b = 0 \\ rp'r^{-1}, & b = 1 \end{cases} \tag{3.1}$$

最后, 她发送 x 给 Bob, 并且保密 b 和 r 直到后来 (到了打开阶段) 她再打开自己的承诺。

(3) 在接收到 x 之后, Bob 宣布承诺阶段结束。

子协议 2 Open(b, r)。

(1) Alice 发送 b 和 r 给 Bob。

(2) 在接收到 b 和 r 之后, Bob 验证 Alice 的承诺证据是否有效, 即判断式 (3.1) 是否成立。如果成立, 则说明 Alice 没有作弊, Bob 此时接受 Alice 所打开的承诺; 否则, 说明 Alice 有作弊, Bob 此时拒绝 Alice 所打开的承诺。

3.2.1 正确性

定理 3.1 上述基于辫群的比特承诺协议是正确的。

证明 比特承诺协议的正确性要求如下。

(1) 如果 Alice 打开的确实是最初承诺的比特, 则其承诺应该被接受。

(2) 如果 Alice 打开的不是最初承诺的比特, 则其承诺应该被拒绝。

(3) 在打开阶段之前, Alice 的承诺是隐藏的。

如果 Alice 在承诺阶段承诺的比特是 $b = 0$, 那么她设置 $x \leftarrow rpr^{-1}$ 并把 x 发送给 Bob。在打开阶段:

① 如果 Alice 想打开原来承诺的比特, 即 0, 那么她发送 $(0, r)$ 给 Bob。此时, 当 Bob 检查是否有 $x \overset{?}{=} rpr^{-1}$ 成立时, 将会输出 "是"。因此, Bob 将接受 Alice 所打开的承诺。

② 如果 Alice 想打开一个跟原来承诺的比特相反的比特, 即 1, 那么她发送 $(1, r)$ 给 Bob。此时, 当 Bob 检查是否有 $x \overset{?}{=} rp'r^{-1}$ 成立时, 将会输出 "否", 因为 $p \neq p'$。因而, Bob 将拒绝 Alice 所打开的承诺。

在打开阶段到来之前, Bob 知道 p, p', s 和 x, 这些还不足以帮助 Bob 获知 b, 因为 Alice 所选择的 r 仍然没有泄露。因此, Alice 承诺的比特 b 在打开阶段到来之前是隐藏的。

Alice 承诺比特 1 的情形跟她承诺比特 0 的情形完全类似。

综上, 上述比特承诺协议是正确的。

3.2.2 安全性分析

现在, 我们将证明上述比特承诺协议的绑定属性和隐藏属性。

定理 3.2 上述比特承诺协议是计算上绑定的。

证明　Alice 能否找到一种方式使得她可以在最初承诺一比特 $b(0$ 或 $1)$, 但是到了打开阶段却可以打开为 $b' = 1 - b$ 而不被发觉呢? 为了做到这一点, Alice 需要发现如下碰撞对, 即两个辫子 $r_0, r_1 \in B_n$ 满足:

$$r_0 p r_0^{-1} = r_1 p' r_1^{-1} \tag{3.2}$$

这样, 她就可以在承诺阶段发送 $x \overset{\text{def}}{=} r_0 p r_0^{-1} = r_1 p' r_1^{-1}$ 给 Bob。而到了打开阶段, 她根据自己的意愿发送 (b, r_b) 给 Bob, 即她想打开成什么就能够打开成什么。

假定她确实能找到这样的一对碰撞, 于是她可以计算出

$$r_1^{-1} r_0 p r_0^{-1} r_1 = p' \tag{3.3}$$

这表明她能够找到 p 和 p' 的一个共轭子 $s = r_1^{-1} r_0$。注意到 p 和 p' 是由 Bob 随机选择并计算的, 所以在 CSP 问题的难解性假设之下, Alice 不可能找到那样的碰撞, 因此, 所提出的比特承诺协议是计算上绑定的。

定理 3.3　上述比特承诺协议是信息论隐藏的。

证明　Bob 是否能够发现一种成功的作弊方式呢? 即在 Alice 打开承诺之前获知所承诺的比特是什么。表面看, 如果 Bob 能够提前获知 r, 即辫子对 (x, p) 或 (x, p') 的共轭子, 那么他就可以通过检验下列等式来获知 b:

$$b = \begin{cases} 0, & x = r p r^{-1} \\ 1, & x = r p' r^{-1} \end{cases} \tag{3.4}$$

然而, 在承诺阶段, Alice 对 r 的选择是完全随机的。因此, rs 也是一个随机辫子, 并且和 r 有不可区分的分布。就是说, Alice 选择 r 和 rs 的概率是相等的。Bob 没有任何线索可以确定 Alice 选择了 r 而没有选择 rs; 反之亦然。实际上, 无论 Bob 具有多么强大的计算能力, 也没有办法作弊, 因为 r 和 rs 的分布对 Bob 是不可区分的。因此, 上述比特承诺协议是信息论隐藏的。

协议中 Alice 检查 $p \sim p'$ 是必要的。若不然, Bob 选择两个不共轭的辫子发送给 Alice, 然后就可以通过检测 Alice 的承诺证据 x 跟哪个辫子共轭来获得 Alice 承诺的内容了。如果 $p = p'$, 则 Alice 可以在承诺阶段随便打开成 0 或者 1。而 Bob 不会将自己的优势让给 Alice, 因此 Bob 不会选择两个等值的辫子作为工作参数。

3.2.3　性能比较

为了分析并比较上述基于辫群的比特承诺协议 (记为 BC_{braid}) 的性能, 我们采用 Blum 在 1981 年所提出的比特承诺协议 (记为 BC_{Blum}) 作为参照系。Blum 的比特承诺协议描述如表 3.2 所示[11]。

表 3.2　参照系: Blum 的比特承诺协议

Bob		Alice
选择两个大素数		
$\quad p, q \equiv 3 \pmod 4$		
令 $N = pq$		
发送 N 给 Alice	$\xrightarrow{\quad N \quad}$	从 Bob 处接收 N
		随机选择 $x \in \mathbb{Z}_N^*$
		令 $y \leftarrow x^2 \pmod N$
从 Alice 处接收 y	$\xleftarrow{\quad y \quad}$	发送 y 给 Bob
保密 p, q		保密 x
两阶段之间的间歇		
(可以是很长的时间段)		
从 Alice 处接收 x	$\xleftarrow{\quad x \quad}$	发送 x 给 Bob
接受 Alice 所打开的承诺, 当且仅当:		
$x^2 \equiv y \pmod N$		

根据文献 [133] 和文献 [11], Blum 的比特承诺协议也是计算上绑定 (computationally binding)、信息论隐藏的 (information-theoretically hiding)。也就是说, $\mathrm{BC_{braid}}$ 和 $\mathrm{BC_{Blum}}$ 在安全属性上是一样的。但是, 相比于 $\mathrm{BC_{Blum}}$, $\mathrm{BC_{braid}}$ 至少具有以下两个方面的优势。

(1) 更加高效。在 $\mathrm{BC_{Blum}}$ 中, Alice 和 Bob 总的计算复杂度以 $\mathcal{O}(\log^4 N)$ 为界[11]。而在 $\mathrm{BC_{braid}}$, Alice 和 Bob 均需要先计算一个辫子的 (规范型的) 逆。然后, Bob 需要执行两次辫子乘法运算, Alice 需要执行一次辫子乘法。在 2001 年, Cha 等[90] 给出了实现辫群密码所需要的各种运算。这些运算的计算复杂性不超过

$$C(n, l) \leqslant \mathcal{O}(l^2 n \log n) \tag{3.5}$$

式中, n 为辫群指数; l 为辫子字的长度。

表面上看, $\mathcal{O}(l^2 n \log n) \gg \mathcal{O}(\log^4 N)$。但是, 在 $\mathrm{BC_{Blum}}$ 协议中, 安全级别可以通过 $\sqrt[4]{N}$ 来度量①, 然而在 $\mathrm{BC_{braid}}$ 中, 安全级别至少为 $\left(\left\lfloor \dfrac{n-1}{2} \right\rfloor ! \right)^l$ [90]。根据 Myasnikov 等[92] 的建议, 为了防止快速重构短辫子的规范型, 发送的辫子的长度 l 至少应该为 n^2。因此, 如果我们令 $l = \mathcal{O}(n^2)$, 则有

$$C(n, l) \leqslant \mathcal{O}(n^5 \log n) \tag{3.6}$$

根据 Stirling 近似公式:

$$\log \left(\left\lfloor \frac{n-1}{2} \right\rfloor ! \right)^l = l \cdot \log \left\lfloor \frac{n-1}{2} \right\rfloor ! = \mathcal{O}(n^3 \log n) \tag{3.7}$$

---

① 考虑分解 N 和小指数攻击, 故得此上界。

现在, 我们进行如下换算与比较。

① 首先, 令 $\log \sqrt[4]{N} = n^3 \log n$, 则有 $\log N = 4n^3 \log n$。于是, 有

$$\log^4 N = \left(4n^3 \log n\right)^4 = 4^4 n^{12} \log^4 n = \mathcal{O}(n^{12} \log^4 n)$$

② 其次, 令 $\log^4 N = n^5 \log n$, 则 $\log N = n^{\frac{5}{4}} \log^{\frac{1}{4}} n$。于是, 有

$$\log \sqrt[4]{N} = \frac{1}{4} \log N = \frac{1}{4} n^{\frac{5}{4}} \log^{\frac{1}{4}} n = \mathcal{O}(n^{\frac{5}{4}} \log^{\frac{1}{4}} n)$$

③ 最后, 我们汇总这些结果得到表 3.3。同时, 根据这些结果, 可得图 3.1。

表 3.3　计算复杂性和安全级别的比较

协议	P.[a]	Abs. Comp.[b]	Abs. SL[c]	Rel. Comp.[d]	Rel. SL[e]
$\mathrm{BC_{Blum}}$	N	$\log^4 N$	$\log \sqrt[4]{N}$	$n^{12} \log^4 n$	$n^{\frac{5}{4}} \log^{\frac{1}{4}} n$
$\mathrm{BC_{braid}}$	n	$n^5 \log n$	$n^3 \log n$	$n^5 \log n$	$n^3 \log n$

注: a 系统参数; b 绝对计算复杂性; c 绝对安全级别 (对数形式); d 令 $\log \sqrt[4]{N} = n^3 \log n$ 时 (即在相同安全级别下) 的相对计算复杂性; e 令 $\log^4 N = n^5 \log n$ 时 (即在相同计算复杂性下) 的相对安全级别 (对数形式)。

显然, 表 3.3 和图 3.1 均表明: 在相同安全级别下, $\mathrm{BC_{braid}}$ 协议更加高效; 反过来, 在相同计算复杂性下, $\mathrm{BC_{braid}}$ 协议的安全级别也更高。

(2) 免受已知量子攻击。在量子计算环境下, 像 $\mathrm{BC_{Blum}}$ 协议等其他基于整数分解问题 (integer factoring problem, IFP), DLP 以及 ECDLP 的比特承诺协议均是

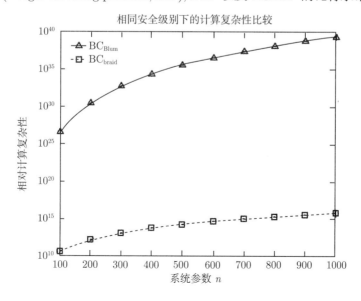

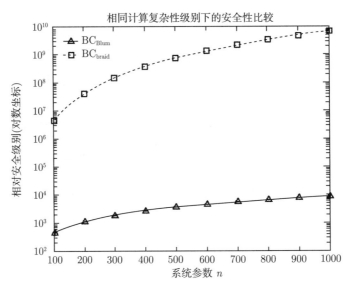

图 3.1   相对计算复杂性和相对安全级别的比较

不安全的。目前已经发表的量子算法可以大致分为三类[141]: 量子搜索算法、隐藏子群发现技术和混合量子算法。这些算法均不能在多项式复杂度之内求解 CSP 问题。在 2003 年, Anshel[141] 建议: 借助于 Lawrence-Krammer 表示 (representation)[142], 只要辫群的参数选择适当, 求解与 CSP 问题相关的线性方程组所需要的基础域运算的次数远远超过了目前的经典计算的能力, 而且对目前发展起来的量子分析手段也是一个巨大的挑战[141]。因此 BC_braid 可以免受目前已知的量子攻击。

3.3   非平衡的比特承诺协议

如前所述, 比特承诺协议有着非常广泛的应用背景, 尤其是它往往作为构造其他高层密码方案的基础而出现。近年来, 也有一些比特承诺协议的变体出现[143, 144]。本节提出比特承诺协议的另外一种非平凡推广 —— 非平衡的比特承诺协议 (biased bit commitment)。在标准的比特承诺协议中, Alice 承诺一比特给 Bob 之后, 在 Alice 打开承诺之前, Bob 猜中所承诺的内容的概率恰好是 1/2, 就是说, Bob 猜想 Alice 承诺 0 或者承诺 1 的概率是相等的, 我们称为是平衡的 (balanced) 或者是没有偏见的 (unbiased)。我们的设想是: 设计一个非平衡的 (unbalanced) 或者说带有偏见的 (biased) 比特承诺协议, 使得 Bob 猜中 Alice 所承诺的内容的概率不是 1/2, 而是 $1/k(k \geqslant 2)$—— 标准的比特承诺协议可以看作 k 取 2 时的特例。我们把这里的值 $1/k$ 称为偏见值 (bias value)。本节先基于辫群给出非平衡比特承诺协议的实现, 然后对其再做进一步的讨论。

3.3.1　非平衡比特承诺协议的定义

给定偏见值 $1/k$, 非平衡比特承诺协议包括两个实体 (parties), 设为 Alice 和 Bob, 以及如下两个交互阶段 (phases), 如表 3.4 所示。

表 3.4　基于辫群的非平衡比特承诺协议的交互过程

Bob		Alice
随机选择 k 个互相共轭的辫子 $p_0, \cdots, p_{k-1} \in B_n$		随机选择一个辫子 $r \in B_n$
发送 $p_0, \cdots, p_{k-1}$ 给 Alice	$\xrightarrow{\ p_0, \cdots, p_{k-1}\ }$	从 Bob 处接收 $p_0, \cdots, p_{k-1}$
		如果 $p_0 \sim p_1 \sim \cdots \sim p_{k-1}$,
		则, 继续;
		否则, 终止。
		计算 $x = rp_b r^{-1}$
从 Alice 处接收 x	$\xleftarrow{\quad x \quad}$	发送 x 给 Bob
		保密 (b, r)
两阶段之间的间歇 (可以是很长的时间段)		
从 Alice 处接收 (b, r)	$\xleftarrow{\quad (b, r) \quad}$	发送 (b, r) 给 Bob
接受 Alice 的承诺, 当且仅当: $x = rp_b r^{-1}$		

(1) 承诺阶段。在这个阶段, Alice 承诺一个数 $b \in \{0, \cdots, k-1\}$ 给 Bob, 即发送一个承诺的证据 (而不是承诺的内容本身) 给 Bob, 使得 Bob 能够从此证据获知所承诺内容的概率恰为 $1/k$。

(2) 打开阶段。在这个阶段, Alice 打开她最初的承诺, 即证明给 Bob, 她最初承诺的数 b 是什么。承诺阶段必须在打开阶段之前完成, 并且, 这两个阶段之间的时间间隔可以很长。当然, 超过了某一方攻破某个安全性假设之后就没有意义了。

类似地, 非平衡比特承诺协议也具有绑定 (binding) 和隐藏 (hiding) 两个安全属性: 对于偏见值为 $1/k$ 的非平衡比特承诺协议, 如果承诺方 (例如, Alice) 没有机会欺骗接受方 (例如, Bob), 即承诺 b 却打开 $b'(\neq b)$ 而不被发觉, 则说该协议是绑定的; 如果接受承诺的一方 (例如, Bob) 没有机会作弊, 即在承诺被打开之前以超过 $1/k$ 的概率获知所承诺的内容, 则说该协议是隐藏的。一个非平衡的比特承诺协议是安全的当且仅当它既是绑定的, 又是隐藏的。

3.3.2　基于辫群的非平衡比特承诺协议

假定 Alice 想承诺 $b \in \{0, \cdots, k-1\}$ 给 Bob。首先, 我们用表 3.4 表示该协议的交互流程。然后, 给出协议的协议描述。

基于辫群的非平衡比特承诺协议包括如下两个子协议。

子协议 1   Commit(b)。

(1) Bob 选择 k 个随机辫子 $p_0, \cdots, p_{k-1}$，并且发送它们给 Alice。

(2) 在接收到 Bob 发送来的 k 个辫子后，Alice 检查它们是否全部互相共轭，即

$$p_0 \sim p_1 \sim \cdots \sim p_{k-1}$$

如果不成立，则说明 Bob 企图作弊，立即终止协议执行；否则继续执行协议，即 Alice 选择一个随机辫子 r，计算 $x = rp_b r^{-1}$，然后发送①x 给 Bob，并且保密 b 和 r 直到后来的打开阶段。

(3) 从 Alice 处接收到 x 后，Bob 宣布承诺阶段结束。

子协议 2   Open(b, r)。

(1) Alice 发送 b 和 r 给 Bob。

(2) 从 Alice 处接收到 b 和 r 后，Bob 验证 Alice 对承诺证据的计算是否正确，即验证等式 $x = rp_b r^{-1}$ 是否成立。如果是，则输出"是"，并接受 Alice 所打开的承诺；否则，输出"否"，并拒绝 Alice 所打开的承诺。

3.3.3   正确性

定理 3.4   上述非平衡比特承诺协议是正确的。

证明 $\dfrac{1}{k}$-非平衡比特承诺协议的正确性要求如下。

(1) 如果 Alice 打开的确实是最初承诺的数，则其承诺应该被接受。

(2) 如果 Alice 打开的不是最初承诺的数，则其承诺应该被拒绝。

(3) 在打开阶段之前，Alice 的承诺一直是隐藏的。更具体地，在承诺被打开之前，Bob 恰能以 $1/k$ 的概率获知 Alice 所承诺的内容。

如果 Alice 在承诺阶段承诺了一个数 $b \in \{0, \cdots, k-1\}$，则她令 $x \leftarrow rp_b r^{-1}$ 并且发送 x 给 Bob。到了打开阶段：

① 假定 Alice 想打开原来所承诺的数 (即 b)，则她发送 (b, r) 给 Bob。于是，Bob 在验证 $x \stackrel{?}{=} rp_b r^{-1}$ 是将会输出"是"，因此，他将接受 Alice 所打开的承诺。

② 假定 Alice 想打开另外一个数，设为 $b'(\neq b)$，则她也要发送 (b', r) 给 Bob。现在，当 Bob 验证 $x \stackrel{?}{=} rp_{b'} r^{-1}$ 时将会输出"否"，因为 $p_b \neq p_{b'}$。因此，他将拒绝 Alice 所打开的承诺。

在打开阶段之前，Bob 知道 $p_0, \cdots, p_{k-1}$ 和 x。但是，这些信息还不足以帮助他获知 b，因为对 $\forall p_i$，都存在 r_i 使得 $x = r_i p_i r_i^{-1}$。因此，Alice 所承诺的数 b 在打开之前是隐藏的。当然，根据 b 的定义域，Bob 通过猜测的方式，恰能够以 $1/k$ 的概率获知 b 是哪个数。

---

① 发送之前需要对 x 进行搅乱操作，以避免直接从 x 的规范型读出 r 的大部分前缀。

综上, 上述 $\dfrac{1}{k}$-非平衡比特承诺协议是正确的。

3.3.4　安全性

定理 3.5　上述非平衡比特承诺协议是计算上绑定的。

证明　如果 Alice 在承诺阶段承诺的是 $b \in \{0, 1, \cdots, k-1\}$, 而在打开阶段她想打开另外一个数 $b'(\neq b)$ 而不被发觉, 那么, 她需要找到一对碰撞, 即两个辫子 $r_1, r_2 \in B_n$ 使得式 (3.8) 成立:

$$r_1 p_i r_1^{-1} = r_2 p_j r_2^{-1}, i \neq j \tag{3.8}$$

假定她确实能做到这一点, 那么她也能够轻易地得到下列公式:

$$r_2^{-1} r_1 p_i r_1^{-1} r_2 = p_j, i \neq j \tag{3.9}$$

这表明 Alice 找到了 p_i 和 p_j 的共轭子 $s = r_2^{-1} r_1$。

而在 CSP 困难性假设之下, Alice 是不可能找到两个由 Bob 选择的随机辫子的共轭子的, 这就得出了一个矛盾。故 Alice 没有机会欺骗成功, 即该协议是计算上绑定的。

定理 3.6　上述非平衡比特承诺协议是信息论上隐藏的。

证明　Bob 是否有机会作弊呢? 即在承诺打开之前, 以超过 $1/k$ 的概率获知承诺的内容。

表面上, 如果 Bob 能够在承诺被打开之前找到 x 和某个 p_b(注意: b 对 Bob 仍然是未知的) 的共轭子 r, 他就可以通过检验下列等式来确定 b:

$$x = r p_i r^{-1}, i = 0, \cdots, k-1 \tag{3.10}$$

然而, 在承诺阶段, Alice 对 r 的选择是随机的。而且, 对每个 p_i, 都存在 r_i 使得 $x = r_i p_i r_i^{-1}$。因而, 即使 Bob 有能力计算所有辫子对 $(x, p_0), \cdots, (x, p_{k-1})$ 的共轭子, 他也无法确定哪个 i 是 Alice 承诺的数 b, 因此他仍然不能确定哪个共轭子是 Alice 计算承诺证据时所选用的 r。事实上, 无论 Bob 有多强的计算能力, 他都无法作弊, 即他都无法以超过 $1/k$ 的概率获知 Alice 所承诺的内容。而 $1/k$ 就是他猜中的概率。所以, 上述非平衡比特承诺协议是信息论上隐藏的。

协议中 Alice 检查 $p_0 \sim p_1 \sim \cdots \sim p_{k-1}$ 是必要的。若不然, Bob 选择 k 互不共轭的辫子发送给 Alice, 然后就可以通过检测 Alice 的承诺证据 x 跟哪个辫子共轭来获得 Alice 承诺的内容了。即使 Bob 不选择 k 个互不共轭的辫子, 只要其中有任何一个辫子不同其他 $k-1$ 个辫子共轭, Bob 就可以通过检查承诺证据同这个 "异类" 的辫子是否共轭来推断 Alice 所承诺的内容是什么或者肯定不是什么了。

这样，他猜测成功的概率超过 $1/k$ 的量就是不可忽略的了。如果 $p_i = p_j$，则 Alice 可以在承诺阶段将 i 打开成 j，或是相反。而 Bob 不会将自己的优势让给 Alice，因此 Bob 不会选择两个等值的辫子作为工作参数。

3.3.5 与标准比特承诺、比特串承诺以及不经意传输的关系

$\dfrac{1}{k}$-非平衡比特承诺与标准比特承诺、比特串承诺 (bit string commitment) 与 $\dfrac{1}{k}$-非平衡比特承诺以及 1-out-of-k 不经意传输(oblivious transfer) 与 $\dfrac{1}{k}$-非平衡比特承诺之间有下列不同与联系。

(1) $\dfrac{1}{k}$-非平衡比特承诺与标准比特承诺。首先，当 k 取 2 时，本节的非平衡比特承诺协议就变成了标准比特承诺协议。其次，标准比特承诺的每次运行，所承诺的信息熵恰好为 1 比特，即 $-\log_2(1/2) = 1$；而在 $\dfrac{1}{k}$-非平衡比特承诺协议中，每次运行所承诺的信息熵大于 1 比特，即 $-\log_2(1/k) > 1$(当 $k > 2$ 时)。这表明后者较前者承诺信息的效率更高。与此同时，当 $k = 2^m$(对某个整数 m) 时，$\dfrac{1}{k}$-非平衡比特承诺协议可以通过运行标准比特承诺协议 m 次来实现。然而，当 k 不是某个整数的次幂时，不可能通过运行标准比特承诺协议来实现 $\dfrac{1}{k}$-非平衡比特承诺协议。正是在这种意义下，我们说 $\dfrac{1}{k}$-非平衡比特承诺协议是标准比特承诺协议的非平凡推广。

(2) 比特串承诺与 $\dfrac{1}{k}$-非平衡比特承诺。比特串承诺协议是比特承诺协议的另外一种推广，它允许承诺方 (例如, Alice) 一次同时向接受方 (例如, Bob) 承诺 n 位比特，在承诺被打开之前，Bob 获知任何一个比特的概率都不超过 1/2。就是说，比特串承诺协议的每次运行，所承诺的信息熵恰好是 n 比特。但是对于 $\dfrac{1}{k}$-非平衡比特承诺协议，每次运行所承诺的信息熵为 $-\log_2(1/k)$ 比特。当 $k = 3$ 时，$-\log_2(1/k) \approx 1.6$。在我们提出非平衡比特承诺协议之前，没有"部分比特"的概念。当然了，这是一个奇怪的概念。但是它是基本比特承诺协议的自然推广之后得到的一个概念，我们似乎没有严格的理由拒绝它的出现。类似地，当 $k = 2^m$(对某个整数 m) 时，$\dfrac{1}{k}$-非平衡比特承诺协议可以通过运行 m-比特串承诺协议 1 次来实现。同样，当 k 不是某个整数的次幂时，也不可能通过运行比特串承诺协议来实现 $\dfrac{1}{k}$-非平衡比特承诺协议。

(3) 1-out-of-k 不经意传输与 $\frac{1}{k}$-非平衡比特承诺。首先, 两者的目的和功能不同: $\frac{1}{k}$-非平衡比特承诺协议旨在做出一个承诺, 该承诺是 0 到 $k-1$ 之间的某个数。在实现 $\frac{1}{k}$-非平衡比特承诺协议时, 至于信道上传递的消息是什么, 我们并不是很在意, 可以把这些消息统统看作随机数。因此, 可以说, 信道上传递的这些消息与所做的承诺本身直接在语义上不是直接相关的, 信道上传递的这些消息仅仅是一种实现承诺的媒介。然而, 1-out-of-k 不经意传输协议关心的就是传递一个消息, 以不经意的方式进行传递, 即接受方只能选择 k 个消息中的 1 个而不能获知任何其他消息的内容, 并且发送方不能获知接受方选择了哪个消息。因为, 在实现不经意传输时, 信道上传递的消息是语义敏感的, 而不能被看作随机数。其次, 两者的交互过程也有很大不同: 在比特承诺协议和非平衡的比特承诺协议中, 双方需要 2 个阶段 3 次消息传递; 而在 1-out-of-k 不经意传输协议中, 双方仅需要 2 次消息传递[145]。当然, 如果忽略信道上所传递的消息的语义 (即把这些消息均看作随机数), 并且增加一个打开承诺的消息传递的话, 那么, 确实可以用 1-out-of-k 不经意传输协议来实现 $\frac{1}{k}$-非平衡比特承诺协议。显然, 这样做却有些"大材小用"了。

3.3.6　非平衡比特承诺协议的几个应用

现在, 我们简单描述非平衡比特承诺协议的几种应用场景。

(1) 情景 1: 非平衡投币协议。比特承诺协议和投币协议的联系是如此的紧密, 以至于人们往往把两者视为同一个协议。其实, 它们之间是有差别的: 比特承诺协议不包含接受方猜测所承诺比特的步骤, 从而在通信上要少一次消息传递; 而投币协议, 必须包含"投币" (相当于做出承诺) "猜币""检验猜测" (相当于打开承诺) 这样三个阶段。就是说, 投币协议的"猜币"阶段在比特承诺协议中没有对应的步骤。但是, 给定任何一个比特承诺协议, 在承诺阶段结束之后、打开阶段开始之前, 增加一个"猜币"过程, 即让承诺的接收方输出一比特 (0 或 1) 作为猜币结果, 则我们立即得到一个投币协议; 反过来, 给定任何一个投币协议, 去掉中间的"猜币"过程, 就得到了一个比特承诺协议。

在标准的投币协议中, 其实我们隐含假定了硬币的质地是均匀的, 即正反两面是同样重的。如果硬币的正反两面不是同样重, 例如, 正面比反面重很多, 情形会怎么样呢? 显然, 猜币的人如果总是猜重的那一面, 那么他猜中的概率就超过 1/2 了。如果我们希望猜币的人猜中的概率是 $1/k, k > 2$, 能否造出这样的硬币呢? 这在现实中是不可能实现的。但是, 只要在本节所描述的非平衡比特承诺协议中加入"猜币"阶段 (即要求承诺接受方猜所承诺的数是 0 到 $k-1$ 中的哪一个) 即可。显然, 猜中的概率恰为 $1/k$。这就模拟了一种非平衡的投币协议, 该硬币的某一面的重量

是另外一面的 $k-1$ 倍, 而且重的一面是不固定的。

(2) 情景 2: 抽签方案。抽签 (lot, 或者 lot-casting) 和博彩 (lottery) 是不同的: 抽签用来做出一个决定或者做出某个随机选择, 而博彩是一种赌博性的投资行为以及支持这种投资行为的一系列配套措施构成的系统。在博彩系统中, 博彩组织方发行彩票, 彩民购买彩票, 至于哪些彩票将会中奖可以是事先秘密决定的 (secretly predetermined), 也可以是事后随机选择的 (ultimately selected in a random drawing)。基于比特承诺方案, 有人给出了博彩系统的实现[146, 147]。在这里, 我们利用前面提出的非平衡投币协议来描述一种抽签方案。

假定有 k 个候选人想通过抽签的方式决定哪一位做他们的主席 (chairman)。首先, 他们随机指定某一个人做为协议的发起者 (不妨称为 dealer)。然后, 这个发起者作为投币方, 分别同其他每个候选人运行一次 $\dfrac{1}{k}$-非平衡投币协议。如果某个候选人猜中了所承诺的数字, 则该候选人就为主席。如果在这 $k-1$ 次非平衡投币协议中, 所有的猜币者都没有猜中, 则让发起者 (即先前指定的 dealer) 作为主席。显然, 每个候选者 (包括 dealer) 均恰有 $1/k$ 的概率当选为主席。因此, 该抽签方案是公平的。

第4章 基于辫群的数字签名方案

4.1 基于辫群的数字签名的发展

最早的两个基于辫群的数字签名方案是由 Ko 等[88] 于 2002 年提出的 ①。前一个方案的安全性基于匹配共轭搜索问题 (matching conjugate search problem, MCSP), 后一个方案的安全性基于三元组形式的匹配共轭搜索问题 (matching triple search problem, MTSP)。然而, 这两个签名方案的安全性仅仅被证明是静态安全的, 即仅仅达到了不可伪造性 (unforgeability), 而不能向攻击者提供任何签名查询。这是签名的最弱的安全性, 即已知公钥攻击下的安全性, 也可以称为无消息选择攻击 (no-message attack, NMA) 下的安全性。这离我们对一般签名体制的安全性要求, 即自适应选择消息攻击下的存在性不可伪造 (existential unforgeability under adaptively chosen message attack, EUF-CMA), 还有很大的距离。而且, 前一个签名方案还存在所谓的 k-同时共轭弱点 (weakness of k-simultaneous conjugating)。

在 2006 年, Ding 等[107] 对 Ko 等[88] 提出的第一个签名方案给出了一种改进: 通过修改密钥空间和增加随机化因子的方法, 克服了所谓的 k-同时共轭弱点。但是, 这个改进的签名方案也未能达到 EUF-CMA 安全性。

尽管 Ko 等的签名方案 (包括 Ding 等的改进方案) 没有达到 EUF-CMA 安全性。但是人们至今也没有给出任何自适应选择消息攻击, 即没有给出 CMA 下的一个成功伪造。一般我们知道, 如果一个体制不能被证明是安全的话, 那么往往能够找到某种具体的攻击。反过来, 如果一个体制长时间没有被攻破的话, 可能是安全的, 只是其安全性证明还没有找到。

于是, 在本章, 我们试图对 Ko 等的两个签名方案 (包括 Ding 等的改进) 给出了新的归约, 证明其已经达到了 EUF-CMA 安全性。最后, 我们也设计了另外一个基于辫群的一般数字签名方案, 并证明它也达到了 EUF-CMA 安全性。

4.2 准 备 工 作

在给出我们的证明和设计新的基于辫群的签名方案之前, 我们先介绍以下几项必要的准备工作。

①但是这两个签名体制只是提交到了 ePrint 上, 至今并未正式发表。

4.2.1 关于三个基于辫群的密码学问题的进一步讨论

为了便于讨论 Ko 等的签名方案的安全性, 也为了方便后续设计, 我们需要对下列三个基于辫群的密码学问题做进一步讨论。

(1) 匹配共轭搜索问题 (MCSP)：给定 $(x, x', y) \in B_n \times B_n \times B_n$, 其中 $x \sim x'$, 求某个 $y' \in B_n$, 使得 $y \sim y'$ 和 $xy \sim x'y'$ 同时成立。

(2) 三元组形式的匹配共轭搜索问题 (MTSP)：给定 $(x, x', y) \in B_n \times B_n \times B_n$, 其中 $x \sim x'$, 求某个三元组 $(\alpha, \beta, \gamma) \in B_n \times B_n \times B_n$, 使得 $\alpha \sim x$, $\beta \sim y$, $\alpha\beta \sim xy$, $\gamma \sim y$ 和 $\alpha\gamma \sim x'y$ 同时成立。

(3) k- 同时共轭问题 (k-simultaneous conjugating problem, k-SCP)：给定 k 个辫子对 $(x_1, x_1'), \cdots, (x_k, x_k') \in B_n \times B_n$, 并且存在某个未知的辫子 s 使得 $x_i' = sx_is^{-1}$ 对每个 i 都成立, 即这 k 个共轭的辫子对都以 s 为共轭子, 要求寻找某个 $b \in B_n$ 使得 $x_i' = bx_ib^{-1}$ 对每个 i 成立。

对于辫群 B_n, 如果 CSP 问题能够被有效求解, 则 MCSP 问题和 MTSP 问题均可以被有效求解。在文献 [88] 中, Ko 等也证明了 MTSP 问题能够被有效求解, 当且仅当 MCSP 问题能够被有效求解。简言之, 我们有

$$\text{CDP} \prec \text{MCSP} \simeq \text{MTSP} \preceq \text{CSP} \tag{4.1}$$

式中, CDP 表示共轭判断问题 (conjugate decision problem, 详见第 2 章)。符号 $\prec$, $\preceq$ 和 $\simeq$ 均是问题之间的困难性的比较关系, 它们的语义分别是："比 ⋯⋯ 容易" "不比 ⋯⋯ 更难" 和 "跟 ⋯⋯ 一样难"。

尽管我们还不能明确回答是否有 MCSP $\simeq$ CSP, 但是, 在这里我们可以给出一个启发式的分析：在不知道辫子对 (x, x') 的任何共轭子的前提下, 求解 MCSP 问题的一种可能的途径就是寻找两个辫子 $u, v \in B_n$ 使得 $x' \cdot uyu^{-1} = vxyv^{-1}$。假定我们在经过某些步骤推导 (可能是基于某些启发式的思考或帮助) 之后, 可以先确定出这样的 u, 那么剩下的寻找 v 的工作就等价于寻找辫子 $x' \cdot uyu^{-1}$ 和 xy 的共轭子。如果我们先确定出了 v, 类似地, 剩下的寻找 u 的工作也等价于求解另外一个 CSP 问题。从这个分析来看, MCSP 问题似乎不比 CSP 问题容易。我们猜想这可能正是 Ko 等基于 MCSP 问题来设计签名体制的原因。

目前, 对于 k-同时共轭问题 (k-SCP) 和 CSP 问题之间的关系, 人们还不是很清楚。一方面, 我们未能严格证明哪一个更比另外一个容易些; 另一方面, 人们提出了一些求解 k-SCP 的近似算法[110] 和启发式分析[88], 这些结果都似乎表明前者 (即 k-SCP 问题) 比后者 (即 CSP 问题) 更加容易求解。因此, 如果一个密码体制的安全性是基于 k-SCP 困难性假设的话, 我们往往说该体制存在 k-同时共轭弱点。

对于中等规模①的辫群 B_n, Ko 等[88] 设计了一个求解 CDP 问题的概率型的算法, 它能够以非常高的准确性 (overwhelming accuracy) 快速求解 CDP 问题[88]。这是目前设计基于辫群的签名体制的公共基础, 因为基于辫群的签名体制中的验证算法需要判断给定的两个辫子是否共轭。

4.2.2　辫子抽样、系统参数选择以及密钥生成问题

正如 Ko 等在文献 [88] 中指出, 当我们谈论定义在某个无限阶群上的某个问题的实例时, 必须小心谨慎, 在现有的信息论框架下, 很难针对一个无限阶群讨论随机选择的某个群元素服从均匀分布这样的话题[88]。因此, 为了避免不必要的麻烦, 我们总是假定系统参数限定了无限阶群的某个有限子集, 并且问题实例都是定义在这个有限子集上的[88]。

类似于文献 [88], 我们首先固定两个整数 n(辫指数) 和 l(辫子的规范长度的上界) 作为系统参数。令

$$B_n(l) = \{b \in B_n | \ell(b) \leqslant l\} \tag{4.2}$$

式中, $\ell(b)$ 表示辫子的规范长度 (LCF-length), 即辫子 b 的左规范 (left canonical form) 表示的长度。根据文献 [88], $|B_n(l)| \leqslant (n!)^l$, 因而是有效的。文献 [90] 描述了一个随机辫子生成器, 它可以在 $\mathcal{O}(ln)$ 时间复杂度内生成一个随机辫子 $b \in_R B_n(l)$。而且, 这个随机辫子生成器产生的辫子在集合 $B_n(l)$ 中的分布几乎是均匀的[88]。

Ko 等[88] 建议设置 $l = 3$。但是, 我们建议设置 $l = n^2$：一方面, Myasnikov 等[92] 在 2005 年建议设置 $l = \mathcal{O}(n^2)$ 以抵抗某些启发式攻击; 另一方面, 文献 [88] 发现对于较大的 l, 上述随机辫子生成器产生的辫子的分布更加均匀。这样做的一个附加的好处是, 我们可以在后续的讨论中忽略第 2 个系统参数 l。为了简单起见, 我们使用记号 $b \xleftarrow{\$} S$ 表示辫子从辫子集合 S 中随机选取某个辫子 b。并且, 我们在下面直接使用术语"从辫群 B_n 中随机选取某个辫子", 而不再做进一步的解释。

根据文献 [112], 目前发表的针对基于辫群的密码体制的许多攻击方法都利用了特定的密钥生成方式, 而并非攻克基于辫群的底层密码学难题本身。在文献 [88] 中, Ko 等引入了困难 CSP 对 (CSP-hard pair) 的概念。假定 S_1 和 S_2 是辫群 B_n 的两个子群, 辫子对 $(x, x') \in S_1 \times S_2$ 称为困难 CSP 对是指：在辫群 B_n 中, 辫子对 (x, x') 是难以求解的 CSP 实例, 即 $x \sim x'$ 并且很难找到它们的一个共轭子。显然, 如果 (x, x') 是困难 CSP 对, 则 (x', x) 也是。事实上, 我们认为可以把类似的思想定义为一个抽样算法, 而不是针对具体的某一对辫子来讨论其是否为困难 CSP 对。因此, 困难 CSP 对生成器 (CSP-hard pair generator) 记为 K_{csp}, 是一个概率多项式时间算法, 该算法可以有以下两种工作模式。

①文献 [88] 称, 典型的设置为：辫指数 n 不超过 20。

(1) $K_{\text{csp}}(n)$: 以系统安全参数 n 作为输入, 每次运行都输出一个随机的三元组 $(p, q, w) \in B_n^3$, 使得 $q = wpw^{-1}$, p, q 和 w 的规范长度均以 $\mathcal{O}(n^2)$ 为界, 并且寻找辫子对 (p, q) 的一个共轭子是困难的 (intractable)。

(2) $K_{\text{csp}}(n, l)$: 以系统安全参数 n 和 l 作为输入, 每次运行都输出一个随机的三元组 $(p, q, w) \in LB(l) \times B_n \times B_n$, 使得 $q = wpw^{-1}$, p, q 和 w 的规范长度均以 $\mathcal{O}(n^2)$ 为界, 并且寻找辫子对 (p, q) 的一个共轭子是困难的, 其中 $LB(l)$ 是由 $\sigma_1, \cdots, \sigma_{l-1}$ 生成的 B_n 的 l-左子群。

4.3 多一匹配共轭问题

在这一节, 我们先提出一个新的基于辫群的密码学假设: 多一匹配共轭假设 (one-more matching conjugate assumption)。然后, 在 4.4 节, 基于这个新假设, 对一些已知的基于辫群的签名体制的安全性给出新的归约。

受多一 RSA 求逆问题 (one-more-RSA-inversion problems)[148] 的启发, 我们定义所谓的多一匹配共轭问题 (one-more matching conjugate problem, OM-MCP) 如下。

设 N 为系统参数。一个 OM-MCP 攻击者是一个概率多项式时间算法, 记为 $\mathcal{A}$, 它以 p, q 作为输入, 并且能够访问两个预言机 (oracles): 匹配共轭预言机 $\mathcal{O}_{mc}(\cdot)$ 和挑战预言机 $\mathcal{O}_{ch}()$。我们说, 如果攻击者 $\mathcal{A}$ 对挑战预言机输出的所有 $n(N)$ 个辫子都成功地进行了共轭匹配, 但是它至多向匹配共轭预言机提交了 $m(N)$ 次询问, 则我们说攻击者 $\mathcal{A}$ 赢得了挑战。这里, $m, n : \mathbb{N} \to \mathbb{N}$ 是两个关于 N 的多项式, 并且恒有 $m(N) < n(N)$ 成立。严格地, 我们让攻击者 $\mathcal{A}$ 和困难 CSP 对生成器 K_{csp} 一起参与下列实验。

Experiment $\text{Exp}_{K_{\text{csp}}, \mathcal{A}}^{\text{OM-MCP}}(N)$

$(p, q, w) \xleftarrow{\$} K_{\text{csp}}(N); n \leftarrow 0; m \leftarrow 0$

$(r_1, \cdots, r_{n'}) \xleftarrow{\$} \mathcal{A}^{\mathcal{O}_{mc}, \mathcal{O}_{ch}}(p, q, N)$

If $n' = n$ and $m < n$ and $\forall\, i = 1, \cdots, n : (r_i \sim c_i) \wedge (qr_i \sim pc_i)$

Then return 1 else return 0

式中, 预言机 $\mathcal{O}_{mc}(\cdot)$ 和 $\mathcal{O}_{ch}()$ 定义为

Oracle $\mathcal{O}_{mc}(b)$	Oracle $\mathcal{O}_{ch}()$
$m \leftarrow m + 1$	$n \leftarrow n + 1; c_n \xleftarrow{\$} B_N$
Return wbw^{-1}	Return c_n

攻击者 $\mathcal{A}$ 的优势, 记为 $\mathrm{Adv}_{K_{\mathrm{csp}},\mathcal{A}}^{\mathrm{OM\text{-}MCP}}(N)$, 就是上述实验结果输出 1 的概率。所谓多一匹配共轭假设是说: 与困难 CSP 对生成器 K_{csp} 相关联的多一匹配共轭问题是困难的, 即对所有概率多项式时间的攻击者 $\mathcal{A}$ 而言, 相对于系统安全参数 N, 函数 $\mathrm{Adv}_{K_{\mathrm{csp}},\mathcal{A}}^{\mathrm{OM\text{-}MCP}}(N)$ 是可以忽略的 (negligible)。

注 4.1 现在, 我们讨论一下在上述实验中 c_i 的抽样方式。如果攻击者 $\mathcal{A}$ 能够找到某个 $k \in \mathbb{Z}$ 和 $j \in \{1, \cdots, m(N)+1\}$ 使得

$$c_j = p^k \tag{4.3}$$

则 $\mathcal{A}$ 可以设置 $r_j = q^k$。也就是说, 攻击者可以正确地计算 r_j 而不需要询问匹配共轭预言机 $\mathcal{O}_{mc}$, 并且将最终赢得挑战。类似地, 如果攻击者 $\mathcal{A}$ 能够找到某个 $j \in \{1, \cdots, m(N)+1\}$ 和 $\alpha_i, i = 1, \cdots, j-1, j+1, \cdots, m(N)+1$, 使得

$$c_j = \prod_{i=1, i \neq j}^{m(N)+1} c_i^{\alpha_i} \tag{4.4}$$

则

$$r_j = \prod_{i=1, i \neq j}^{m(N)+1} r_i^{\alpha_i} \tag{4.5}$$

因此, 攻击者可以一个接一个地询问 $c_i, i = 1, \cdots, j-1, j+1, \cdots, m(N)+1$, 然后获得相应的 r_i。那么现在, 它同样能够正确地计算 r_j 而不需要再询问匹配共轭预言机, 从而它又能够最终赢得挑战。

但是, 如果每个 c_i 都是从辫群 B_N 中由挑战预言机随机选取的, 则攻击者能够找到那样的 k, j 和 $\alpha_i, i = 1, \cdots, j-1, j+1, \cdots, m(N)+1$, 使得式 (4.3) 或式 (4.4) 成立的概率是可以忽略的 (相当于系统安全参数 N 来说)。如果 $\mathcal{A}$ 试图从右往左推导式 (4.4), 则它只有不停地随机去试, 这跟纯粹的猜测没有什么区别, 故它成功的概率是可以忽略的。如果它试图从左往右推导式 (4.4), 它面临一系列求根问题, 根据文献 [112], 这同样是困难的。如果攻击者 $\mathcal{A}$ 试图寻找 k 和 j 使得式 (4.3) 成立, 则它需要检测每个 $p^k, k \in \mathbb{Z}$, 看看是否碰巧有 $p^k = c_j$ 成立。然而, 由于 $\langle p \rangle$ 是辫群 B_N 的无限子群, 攻击者通过这种方法找到所需的 k, j 的概率同样是可以忽略的 (相当于 N)。

反过来, 如果允许攻击者选择这些 c_i 的话, 情况就大不一样了。它可以轻松地选择 c_i 使得式 (4.3) 或者式 (4.4) 成立, 而且这种 "作弊" 行为还很难被检测出来。因此, 在我们的方案中, 用户 (包括攻击者) 均不允许自行选择这些 c_i。允许用户自适应地向匹配共轭预言机提出询问, 但是每个询问消息都通过一个单向哈希函数映射成一个随机辫子之后才变成相应的 c_i。这里哈希函数的单向性就排除了用户按照自己的意愿选择 c_i 的可能性。

注 4.2　在上述实验

$$\mathrm{Exp}_{K_{\mathrm{csp}},\mathcal{A}}^{\mathrm{OM\text{-}MCP}}(N)$$

的定义中, 困难 CSP 对生成器 K_{csp} 工作在第一种模式下。如果 K_{csp} 工作在第二种模式下, 即采用两个系统安全参数 N 和 L 作为输入, 并且以 $(p, q, w) \in LB(L) \times B_N \times B_N$ 作为输出的话, 我们可以类似地定义实验 $\mathrm{Exp}_{K_{\mathrm{csp}},\mathcal{A}}^{\mathrm{OM\text{-}MCP}}(N, L)$, 只需要对匹配共轭预言机 $\mathcal{O}_{mc}$ 做如下简单修改:

Oracle $\mathcal{O}_{mc}(b)$

　　$m \leftarrow m + 1$

　　$r \xleftarrow{\$} RB(L + 1)$

　　Return $wrbr^{-1}w^{-1}$

式中, $RB(r)$ 是由 $\sigma_r, \cdots, \sigma_{n-1}$ 生成的 B_n 的 r-右子群。此时, 攻击者的优势函数 $\mathrm{Adv}_{K_{\mathrm{csp}},\mathcal{A}}^{\mathrm{OM\text{-}MCP}}(N, L)$ 也可相应地进行定义。同样地, 此时, 多一匹配共轭假设是说: 对所有概率多项式时间的攻击者 $\mathcal{A}$ 而言, 其优势 $\mathrm{Adv}_{K_{\mathrm{csp}},\mathcal{A}}^{\mathrm{OM\text{-}MCP}}(N, L)$ 相当于系统安全参数 N 和 L 是可以忽略的。

注 4.3　特别地, 对于 K_{csp} 工作在第二种模式下的情形, 我们总是设置 $L = \left\lfloor \dfrac{N}{2} \right\rfloor$。为了简单起见, 此时, 我们重新定义

$$\mathrm{Exp}_{K_{\mathrm{csp}},\mathcal{A}}^{\mathrm{OM\text{-}MCP}}(N) \overset{\mathrm{def}}{=} \mathrm{Exp}_{K_{\mathrm{csp}},\mathcal{A}}^{\mathrm{OM\text{-}MCP}}(N, L) \tag{4.6}$$

和

$$\mathrm{Adv}_{K_{\mathrm{csp}},\mathcal{A}}^{\mathrm{OM\text{-}MCP}}(N) \overset{\mathrm{def}}{=} \mathrm{Adv}_{K_{\mathrm{csp}},\mathcal{A}}^{\mathrm{OM\text{-}MCP}}(N, L) \tag{4.7}$$

这样一来, 无论 K_{csp} 的工作模式是什么, 攻击者的优势函数就统一为一种表示形式了。对于这样做可能引起的混淆, 我们可以通过上下文来澄清。

4.4　基于辫群的签名体制的安全性

4.4.1　简单共轭签名方案及其改进

在 2002 年, Ko 等[88] 提出了简单共轭签名方案 (simple conjugacy signature scheme, SCSS)。采用我们前面引入的一些记号, 该方案可简单描述如下。

(1) $\mathcal{G}$ (密钥生成算法): 设 N 为系统安全参数。令

$$(p, q, s) \xleftarrow{\$} K_{\mathrm{csp}}(N)$$

并且返回公钥 $pk = (p, q)$ 和私钥 $sk = s$。

(2) $\mathcal{S}$ (签名算法): 设 $\mathcal{M}$ 为消息空间, $H : \mathcal{M} \to B_N$ 为一个单向哈希函数, 它映射 $\mathcal{M}$ 中的消息为辫群 B_N 中的某个辫子。则对于给定的消息 $m \in \mathcal{M}$, 其签名是如下辫子:

$$r = s \cdot H(m) \cdot s^{-1} \in B_N$$

(3) $\mathcal{V}$ (验证算法): 消息 m 的签名 r 是有效的当且仅当

$$(r \sim c) \wedge (qr \sim pc)$$

成立, 其中 $c = H(m) \in B_N$。

上述简单共轭签名方案是确定性的, 其安全性基于匹配共轭问题的难解性。但是, Ko 等指出: 除非 k-同时共轭问题 (k-SCP) 也是难解的, 否则当已知多个消息–签名对时, 签名者的私钥 s 不再是零知识的[88]。于是, 我们说该签名方案存在 k-同时共轭弱点。

2006 年, Ding 等[107] 对上述简单共轭签名方案提出了改进。该改进的签名方案我们称为增强型共轭签名方案 (ECSS), 其安全性仍然是基于 MCSP 问题的难解性的, 但是它巧妙地克服了 k-同时共轭弱点。ECSS 可简单描述如下。

(1) $\mathcal{G}$ (密钥生成算法): 设 N 为系统安全参数。令

$$L = \left\lfloor \frac{N}{2} \right\rfloor, \text{并且} \ (p, q, s) \xleftarrow{\$} K_{\mathrm{csp}}(N, L)$$

然后, 返回公钥 $pk = (p, q)$ 和私钥 $sk = s$。其中, $q, s \in B_N$, 但是 $p \in LB(L)$, 即 p 是困难 CSP 对生成器 K_{csp} 从辫群 B_N 的 L-左子群中选取的, 这是 ECSS 与 SCSS 最大的不同。

(2) $\mathcal{S}$ (签名算法): 设 $\mathcal{M}$ 是消息空间, 并且 $H : \mathcal{M} \to B_N$ 是一个单向哈希函数 (定义同 SCSS)。于是, 对于给定的消息 $m \in \mathcal{M}$, 其签名是如下辫子:

$$r = sb \cdot H(m) \cdot b^{-1}s^{-1} \in B_N$$

式中, 辫子 $b \in RB(L+1)$ 是由签名者从辫群 B_N 的 $(L+1)$-右子群中随机选取的。

(3) $\mathcal{V}$ (验证算法): 消息 m 的签名 r 是有效的当且仅当

$$(r \sim c) \wedge (qr \sim pc)$$

成立, 其中 $c = H(m) \in B_N$。

无论是 Ko 等[88], 还是 Ding 等 [107], 均没有提供对 SCSS 或 ECSS 提供可证明安全归约。因此, 我们试图基于多一匹配共轭假设, 对上述签名方案 (SCSS 和 ECSS) 给出可证明安全归约。

4.4.2 安全性概念及证明

目前, 数字签名的标准安全性, 即自适应选择消息攻击下的存在性不可伪造, 是通过定义在挑战者 $\mathcal{C}$ 和伪造者 $\mathcal{F}$ 之间的一个实验 (也称游戏) 来定义的。在该实验中, 伪造者 $\mathcal{F}$ 随时可以访问签名预言机 $\mathcal{S}(\cdot)$ 和模拟理想哈希函数的预言机 $H(\cdot)$。$\mathcal{F}$ 的目的就是最终输出一个成功的伪造, 即输出针对某个消息 m^* 的有效签名 r^*, 而 $\mathcal{F}$ 从未向签名预言机询问过关于该消息的签名。形式化定义如下。

定义 4.1(简单共轭签名方案 (SCSS) 的 EUF-CMA 安全性) 基于辫群的简单共轭签名方案 (SCSS) 被称为是 EUF-CMA 安全的, 即在自适应选择消息攻击下存在性不可伪造, 当且仅当: 对任何概率多项式时间的伪造者 $\mathcal{F}$, 其优势函数 $\mathrm{Adv}_{\mathrm{SCSS},\mathcal{F}}^{\mathrm{EUF\text{-}CMA}}(N)$ 是可以忽略的 (相对于系统安全参数 N 而言)。这里, 伪造者的优势函数 $\mathrm{Adv}_{\mathrm{SCSS},\mathcal{F}}^{\mathrm{EUF\text{-}CMA}}(N)$ 是通过下列游戏来定义的:

$$\mathrm{Adv}_{\mathrm{SCSS},\mathcal{F}}^{\mathrm{EUF\text{-}CMA}}(N) \stackrel{\mathrm{def}}{=} \Pr \left[\begin{array}{l} (p,q,s) \xleftarrow{\$} K_{\mathrm{csp}}(N); \\ pk \leftarrow (p,q); sk \leftarrow s; \\ (m^*,r^*) \xleftarrow{\$} \mathcal{F}^{\mathcal{S}_{sk}(\cdot),H(\cdot)}(pk;N): \\ \mathcal{V}(m^*,r^*,pk)=1, m^* \notin M \end{array} \right] \tag{4.8}$$

式中, M 是伪造者 $\mathcal{F}$ 询问过签名的消息集合。一个在自适应选择消息攻击下的伪造者 $\mathcal{F}$ 被认为 (t,q_h,q_s,ϵ)-攻破了签名方案 SCSS 是指: $\mathcal{F}$ 的运行时间最多是 t, 至多执行了 q_h 次哈希查询和 q_s 次签名查询, 并且优势函数 $\mathrm{Adv}_{\mathrm{SCSS},\mathcal{F}}^{\mathrm{EUF\text{-}CMA}}(N) \geqslant \epsilon$。如果不存在能够 (t,q_h,q_s,ϵ)-攻破签名方案 SCSS 的伪造者, 则我们说签名方案 SCSS 是 (t,q_h,q_s,ϵ)-安全的。

定理 4.1 在随机预言模型和多一匹配共轭假设下, Ko 等所提出的基于辫群的简单共轭签名方案 (SCSS) 在自适应选择消息攻击下, 是存在性不可伪造的。更精确地, 如果存在伪造者 $\mathcal{F}$ 能够 (t,q_h,q_s,ϵ)-攻破 SCSS, 则存在一个 OM-MCP 求解器 $\mathcal{A}$, 它能够至少以 ϵ' 的概率, 在时间 t' 之内, 推翻多一匹配共轭假设 (即赢得前面定义的多一匹配共轭实验 (或游戏)), 其中

$$\epsilon' = \epsilon \tag{4.9}$$

且

$$t' = t + t_s \cdot q_s + t_h \cdot q_h + t_{mc} \cdot (n(N) - q_s) \tag{4.10}$$

式中, $n: \mathbb{N} \to \mathbb{N}$ 是关于 $\mathbb{N}$ 的某个多项式, 而 t_s, t_h 和 t_{mc} 分别为询问一次签名预言机、哈希预言机和匹配共轭预言机的时间。

证明 假定伪造者 $\mathcal{F}$ 能够 (t,q_h,q_s,ϵ)-攻破 SCSS, 即 $\mathcal{F}$ 在执行了 q_h 次哈希查询和 q_s 次签名查询之后, 至少以 ϵ 的概率成功地输出了一个伪造: (m^*,r^*)。

假定 $\mathcal{F}$ 先前执行签名预言机查询时所提交的消息依次为 $m_i, i = 1, \cdots, q_s$, 而所获得的响应 (即签名) 分别为 $r_i, i = 1, \cdots, q_s$。(m^*, r^*) 是一个成功的伪造的含义是: $r^* \sim H(m^*)$ 且 $qr^* \sim pH(m^*)$ 成立, 但是 $\mathcal{F}$ 从未向签名预言机询问过关于消息 m^* 的签名。

现在, 我们来构造一个算法 $\mathcal{A}$(称为 OM-MCP 求解器), 使得它能够至少以 $\epsilon' = \epsilon$ 的概率赢得前面定义的多一匹配共轭游戏 $\text{Exp}_{K_{\text{csp}}, \mathcal{A}}^{\text{om-mcp}}(N)$。

不失一般性, 我们假定 q_h 和 q_s 均以 $n(N)$ 为界。求解器 $\mathcal{A}$ 所面临的挑战是: 给定 $c_i, i = 1, \cdots, n(N) + 1$, 允许 $\mathcal{A}$ 询问匹配共轭预言机 $\mathcal{O}_{mc}$ 至多 $n(N)$ 次, 最后要求 $\mathcal{A}$ 输出 $r_i, i = 1, \cdots, n(N) + 1$, 使得 $r_i \sim c_i$ 且 $qr_i \sim pc_i$ 成立。

求解器 $\mathcal{A}$ 的构造如下。

(1) 初始化。先按照如下方式定义一个哈希列表 H-List。

① H-List 包括 3 个域: m-域、r-域和 c-域。其中, m-域的值域为消息空间 $\mathcal{M}$, 而 r-域和 c-域的值域均为辫群 B_N。

② 开始时, 令 H-List 包含 $n(N) + 1$ 项。对于 i 从 1 到 $n(N) + 1$, 第 i 项的 m-域和 r-域先空白而 c-域设置为 c_i。

③ 最后, 令 $i = 0$。

(2) 让求解器 $\mathcal{A}$ 跟伪造者 $\mathcal{F}$ 按照如下方式进行交互。

① $\mathcal{A}$ 根据如下方式对 $\mathcal{F}$ 的哈希查询和签名查询做出回答。

a. 询问消息 m 的哈希值 $H(m)$: 在 H-List 中的 m-域里寻找 m。如果找到, 即 $H(m)$ 此前曾被询问过, 于是返回相应的 c-域的值作为回答; 否则, 令 $i = i + 1$ 并且填写 m 到 H-List 的第 i 项的 m-域中, 然后返回对应的 c-域的值作为回答。

b. 询问消息 m 的签名: 假定 $\mathcal{F}$ 此前曾询问过 $H(m)$(如果没有的话, 让求解器 $\mathcal{A}$ 代替 $\mathcal{F}$ 补充执行一次对于 $H(m)$ 的询问)。于是, 必然存在某个 $i \in \{1, \cdots, n(N) + 1\}$ 使得 $c_i = H(m)$ 成立。现在, 让求解器 $\mathcal{A}$ 向匹配共轭预言机 $\mathcal{O}_{mc}$ 发起关于辫子 c_i 的匹配共轭询问。设 $\mathcal{A}$ 得到的回答是辫子 r_i。那么, 让 $\mathcal{A}$ 把 r_i 填写到 H-List 的第 i 项的 r-域中, 并且转发 r_i 给 $\mathcal{F}$ 作为签名询问的回答。

显然, 求解器 $\mathcal{A}$ 向伪造者 $\mathcal{F}$ 所提供的对于哈希查询和签名查询的模拟是完美的, 即从伪造者的角度看 $\mathcal{F}$, $\mathcal{A}$ 的回答和真实的签名系统的回答是不可区分的。

② 假定在进行了 q_s 次签名查询后, 伪造者 $\mathcal{F}$ 输出了一个伪造的消息–签名对 (m^*, r^*)。不失一般性, 假定 $\mathcal{F}$ 此前曾经询问过消息 m^* 的哈希值 $H(m)$(如果没有的话, 让求解器 $\mathcal{A}$ 代替 $\mathcal{F}$ 补充执行一次对于 $H(m)$ 的询问)。于是, 必然存在某个 $j \in \{1, \cdots, n(N) + 1\}$ 使得 $c_j = H(m^*)$。现在, 令 $r_j = r^*$(注意: 此时尚不填写 H-List)。

③ 如果 $\mathcal{V}(m^*, r^*, pk) = 0$, 即 $\mathcal{F}$ 的这个伪造没有通过验证, 是不成功的, 则让求解器 $\mathcal{A}$ 异常停止。否则, 继续。

④ 在 H-List 的 (m, r)-域中寻找 (m^*, r^*)。如果找到, 即 $\mathcal{F}$ 此前曾经询问过消息 m^* 的签名, 从而 $\mathcal{F}$ 的这个伪造是不成功的, 则让 $\mathcal{A}$ 异常停止; 否则, 将 r_j (即 r^*) 填入到 H-List 的第 j 项的 r-域中 (注: 这里的 j 是前面第②步中确定的 j)。

(3) 对于 $i = 1, \cdots, j-1, j+1, \cdots, n(N)+1$, 如果 H-List 第 i 项的 r-域是空白的话, 则让 $\mathcal{A}$ 用 c_i 向匹配共轭预言机 $\mathcal{O}_{mc}$ 发起询问, 并把得到的回答 r_i 填入到 H-List 的第 i 项的 r-域中。

(4) 最后, 让求解器 $\mathcal{A}$ 依次从 H-List 的 r-域中读出每个 r_i 作为挑战 c_i 的响应, $i = 1, \cdots, n(N)+1$。显然, 每个 r_i 都满足 $(r_i \sim c_i)$ 和 $(qr_i \sim pc_i)$, 而 $\mathcal{A}$ 却从未向 $\mathcal{O}_{mc}$ 询问过 c_j 的匹配共轭。也就是说, 求解器 $\mathcal{A}$ 需要询问匹配共轭预言机 $\mathcal{O}_{mc}$ 共 $n(N)$ 次。然而, $\mathcal{A}$ 对于多一匹配共轭游戏中的挑战者所输出的 $n(N)+1$ 个辫子都成功地进行了共轭匹配。因此, $\mathcal{A}$ 将赢得游戏 $\mathrm{Exp}_{K_{\mathrm{csp}}, \mathcal{A}}^{\mathrm{OM\text{-}MCP}}(N)$。

上述归约表明: 只要伪造者 $\mathcal{F}$ 输出了一个成功的伪造 (即求解器 $\mathcal{A}$ 在游戏结束之前没有异常停止), $\mathcal{A}$ 就可以以概率 1 赢得多一匹配共轭实验 $\mathrm{Exp}_{K_{\mathrm{csp}}, \mathcal{A}}^{\mathrm{OM\text{-}MCP}}(N)$。也就是说, $\mathcal{A}$ 赢得实验的概率正好等于 $\mathcal{F}$ 伪造成功的概率, 因此 $\epsilon' = \epsilon$。

根据 $\mathcal{A}$ 的构造, 其总的运行时间就是 $\mathcal{F}$ 的运行时间加上哈希查询和签名查询消耗的时间以及 $\mathcal{A}$ 执行后续匹配共轭查询的时间。综上, 我们有

$$t' = t + t_s \cdot q_s + t_h \cdot q_h + t_{mc} \cdot (n(N) - q_s)$$

证毕。

类似地, 对于增强型共轭签名方案 (ECSS), 我们也有下面的定义和结论。

定义 4.2(增强型共轭签名方案的 EUF-CMA 安全性) 基于辫群的增强型共轭签名方案被称为是 EUF-CMA 安全的, 即在自适应选择消息攻击下存在性不可伪造, 当且仅当: 对任何概率多项式时间的伪造者 $\mathcal{F}$, 其优势函数 $\mathrm{Adv}_{\mathrm{ECSS}, \mathcal{F}}^{\mathrm{EUF\text{-}CMA}}(N)$ 是可以忽略的 (相对于系统安全参数 N 而言)。这里, 伪造者的优势函数 $\mathrm{Adv}_{\mathrm{ECSS}, \mathcal{F}}^{\mathrm{EUF\text{-}CMA}}(N)$ 是通过下列游戏来定义的:

$$\mathrm{Adv}_{\mathrm{ECSS}, \mathcal{F}}^{\mathrm{EUF\text{-}CMA}}(N) \stackrel{\text{def}}{=} \Pr \left[\begin{array}{l} L \leftarrow \left\lfloor \dfrac{N}{2} \right\rfloor; \\[2mm] (p, q, s) \stackrel{\$}{\longleftarrow} K_{\mathrm{csp}}(N, L); \\[1mm] pk \leftarrow (p, q); sk \leftarrow s; \\[1mm] (m^*, r^*) \stackrel{\$}{\longleftarrow} \mathcal{F}^{\mathcal{S}_{sk}(\cdot), H(\cdot)}(pk; N): \\[1mm] \mathcal{V}(m^*, r^*, pk) = 1, m^* \notin M \end{array} \right] \tag{4.11}$$

式中, M 是伪造者 $\mathcal{F}$ 询问过签名的消息集合。一个在自适应选择消息攻击下的伪造者 $\mathcal{F}$ 被认为 (t, q_h, q_s, ϵ)-攻破了签名方案 ECSS 是指: $\mathcal{F}$ 的运行时间最多是 t, 至多执行了 q_h 次哈希查询和 q_s 次签名查询, 并且优势函数 $\mathrm{Adv}_{\mathrm{ECSS}, \mathcal{F}}^{\mathrm{EUF\text{-}CMA}}(N) \geqslant \epsilon$。如

果不存在能够 (t, q_h, q_s, ϵ)-攻破签名方案 ECSS 的伪造者, 则我们说签名方案 ECSS 是 (t, q_h, q_s, ϵ)-安全的。

定理 4.2　在随机预言模型和多一匹配共轭假设下, Ding 等所改进的基于辫群的增强型共轭签名方案在自适应选择消息攻击下, 是存在性不可伪造的。更精确地, 如果存在伪造者 $\mathcal{F}$ 能够 (t, q_h, q_s, ϵ)-攻破 ECSS, 则存在一个 OM-MCP 求解器 $\mathcal{A}$, 它能够至少以 ϵ' 的概率, 在时间 t' 之内, 推翻多一匹配共轭假设 (即赢得前面定义的多一匹配共轭实验 (或游戏)), 其中

$$\epsilon' = \epsilon \tag{4.12}$$

并且

$$t' = t + t_s \cdot q_s + t_h \cdot q_h + t_{mc} \cdot (n(N) - q_s) \tag{4.13}$$

式中, $n : \mathbb{N} \to \mathbb{N}$ 是关于 $\mathbb{N}$ 的某个多项式, 而 t_s, t_h 和 t_{mc} 分别为询问一次签名预言机、哈希预言机和匹配共轭预言机并获得回答的时间。

证明　Ko 等提出的简单共轭签名方案 (SCSS) 和 Ding 等改进的增强型共轭签名方案 (ECSS) 的主要不同在于两个方面: 一是密钥生成器 (即困难 CSP 对生成器)K_{csp} 的工作方式不同: 在 SCSS 中, K_{csp} 以第一种方式工作, 而在 ECSS 中, K_{csp} 以第二种方式工作; 二是 SCSS 是确定型的签名方案, 而由于随机辫子 b 的引入, ECSS 是概率型的。

根据前面多一匹配共轭问题和实验的定义, 我们知道 K_{csp} 的工作模式对实验 $\mathrm{Exp}_{K_{\mathrm{csp}}, \mathcal{A}}^{\mathrm{OM\text{-}MCP}}(N)$ 的线索没有任何影响。因此, K_{csp} 的工作模式对定理 4.1 的证明中的归约线索也没有本质影响, 因为匹配共轭预言机 O_{mc} 的响应方式会根据 K_{csp} 的工作模式的不同而自动调整。ECSS 方案中随机辫子 b 的引入, 其作用就在于克服了原方案 SCSS 的潜在的 k-同时共轭弱点。显然, 这对于伪造者 $\mathcal{F}$, OM-MCP 求解器 $\mathcal{A}$, 以及各个预言机之间的交互流程没有任何本质的影响, 进而对定理 4.1 的证明中的归约线索也不会有本质影响。因而, 接下来的归约就跟定理 4.1 证明中的归约完全类似。

证毕。

4.4.3　基于辫群上三元组形式的匹配共轭问题的数字签名方案

前面我们介绍了 Ko 等在 2002 年提出的简单共轭签名方案 (SCSS), 并重新给出了安全性归约。其实, Ko 等在 2002 年还提出了另外一个签名方案, 其安全性是基于三元组形式的匹配共轭搜索问题的, 我们记为三元组共轭签名方案 (triple conjugate signature scheme, TCSS)。该方案可以简单描述如下。

(1) $\mathcal{G}$(密钥生成): 从辫群 B_n 中随机选择两个辫子 P, S, 计算 $P' = SPS^{-1}$。返回公钥 $pk = (P, P')$ 和私钥 $sk = S$。

(2) $\mathcal{S}$(签名): 从 B_n 选择一个随机辫子 R, 对消息 m 的签名为一个四元组 (m, P'', Q'', Q'), 其中 $P'' = RPR^{-1}$, $Q = H(mh(P''))$, $Q'' = RQ'R^{-1}$, $Q' = RS^{-1}QSR^{-1}$; $H : \mathcal{M} \to B_n$ 和 $h : B_n \to \mathcal{M}$ 为两个密码学哈希函数, 它们分别实现消息空间到辫子空间和辫子空间到消息空间的映射。

(3) $\mathcal{V}$(验证): $P'' \overset{?}{\sim} P, Q'' \overset{?}{\sim} Q' \overset{?}{\sim} Q, P''Q'' \overset{?}{\sim} PQ, P''Q' \overset{?}{\sim} P'Q$。

TCSS 提出的目的其实跟 Ding 等对 SCSS 的改进的目的一致, 就是为了克服 SCSS 的所谓的 k-同时共轭弱点。在其他方面, 无论是安全性基础和签名及验证方式, 可以说, TCSS 和 SCSS 几乎是一样的。所以, 我们不再给出 TCSS 安全性的新归约。但是有一点是可以肯定的, TCSS 的安全性至少不比 SCSS 和 ECSS 弱。因此, 基于前面的结论, 我们说 Ko 等的第二个签名方案 TCSS 也达到了 EUF-CMA 安全性, 当然是在随机预言机模型下和多一匹配共轭问题困难性的假设下。

4.5   基于辫群上共轭连接问题的数字签名体制

与定义在环 $\mathbb{Z}_N$ 或者域 $\mathbb{Z}_p$ 上的传统的密码方案不同, 辫群 (或者一般非交换群) 上的密码方案的构造有着新的困难和特点。对此, 我们体会最深的是以下两个方面。

(1) 非交换性。正是由于非交换性的存在, CSP 问题才有意义, 也正是由于非交换性, 经典的 Diffie-Hellman 密钥交换很难直接基于 CSP 问题来实现, 所以 Ko 等当初为了回避非交换性带来的困难, 只好基于 CSP 的一个变种问题 ——DHCP 问题上来实现双方密钥交换, 这也为该方案日后被攻破埋下了伏笔。

(2) 运算单一。目前辫群上只有一种群运算 (一般称为乘法), 而没有类似于 $\mathbb{Z}_N$ 或 $\mathbb{Z}_p$ 中可以自由实施的加法运算, 这就使得像 Schnorr 身份认证方案那样的一些方案不能简单地平移到辫群上。

以上两个特点一方面为密码方案的设计带来一定的困难, 而另一方面它又成为安全性的基础。因此, 辫群上的好的密码方案应该是充分利用上述两个特性来设计, 而不是去回避这些特点。在这一节, 我们试图利用上述两个特点, 设计一种新的数字签名方案。该签名不仅高效, 并且具有可证明安全性。

4.5.1   辫群上的共轭连接问题

首先, 我们需要定义一个新问题。

定义 4.3(共轭连接问题 (conjugate adjoin problem, CAP))   给定 $p, q, c \in B_n$ 使得对某个未知的 $w \in B_n$, 有 $q = w^{-1}pw$, 并且 $c \notin \langle p \rangle$, 求 r, 使得 $r = w^{-1}pcw$。

显然, 如果 CSP 问题易解, 则对应的 CAP 问题也易解。但是, 在不知道的 w 的情况下, 无法直接判定等式 $r = w^{-1}pcw$ 是否成立。所以, 我们需要给出共轭连

接问题的一个变型 (后面均是针对这个变型问题进行讨论的)。

定义 4.4(共轭连接问题)　给定 $p, q, c \in B_n$ 使得对某个未知的 $w \in B_n$, 有 $q = w^{-1}pw$, 并且 $c \notin \langle p \rangle$, 求 $r \in B_n$ 使得 $r \sim pc$ 且 $rq^{-1} \sim c$。

此时, 在不知道 w 的情况下, 要由公开的 p, q 和 c 计算出同时满足两个验证方程 $r \sim pc$ 和 $rq^{-1} \sim c$ 的 r, 一种可能的途径是寻找两个辫子 u 和 v 使得 $u^{-1}pcu = v^{-1}cv \cdot q$ 成立, 然后令 $r = u^{-1}pcu$。然而, 要找到这样的 u 和 v 也等价于求解共轭搜索问题。因而, 我们认为这个问题是足够困难的, 并将基于这个问题来设计签名方案。

其次, 假设系统有一个共轭连接预言机 $\mathcal{O}_{CA}$, 它能够求解共轭连接问题。为了可证明安全的需要, 我们参照 "多一 RSA 求逆问题 (one-more-RSA-inversion problems)"[148] 的定义方法, 给出 "多一共轭连接问题 (one-more-conjugate-adjoin problems)" 的定义如下。

定义 4.5(多一共轭连接问题 —— OM-CAP(m))　设 $k \in \mathbb{N}$ 是系统安全参数, $m : \mathbb{N} \to \mathbb{N}$ 是关于 k 的一个函数, $\mathcal{A}$ 是一个能够访问共轭连接预言机 $\mathcal{O}_{CA}$ 的攻击者。考虑如下实验。

实验 $\mathrm{Exp}_{\mathcal{A},m}^{\mathrm{OM-CAP}}(k)$

(1) 给定 $p, q \in B_n$ 使得对某个未知的 $w \in B_n$, 有 $q = w^{-1}pw$。

(2) 对 $\forall i \in \{1, \cdots, m(k) + 1\}$, 令 $c_i \xleftarrow{\$} B_n$。

(3) $(r_1, \cdots, r_{(m(k)+1)}) \leftarrow \mathcal{A}^{\mathcal{O}_{CA}}(p, q, k; c_1, \cdots, c_{m(k)+1})$。

(4) 如果下列条件同时成立, 则称攻击者 $\mathcal{A}$ 赢得实验并输出 1; 否则, 称攻击者 $\mathcal{A}$ 未赢得实验并输出 0。

① $\forall i \in \{1, \cdots, m(k) + 1\}$, $(r_i \sim pc_i) \wedge (rq^{-1} \sim c_i)$。

② $\mathcal{A}$ 向预言机 $\mathcal{O}_{CA}$ 至多执行了 $m(k)$ 次查询。

定义攻击者 $\mathcal{A}$ 的优势为

$$\mathrm{Adv}_{\mathcal{A},m}^{\mathrm{OM-CAP}}(k) = \Pr[\mathrm{Exp}_{\mathcal{A},m}^{\mathrm{OM-CAP}}(k) = 1] \tag{4.14}$$

如果对于任何概率多项式时间 (p.p.t.) 的攻击者 $\mathcal{A}$, 其优势 $\mathrm{Adv}_{\mathcal{A},m}^{\mathrm{CAP}-kt}(k)$ 均是可以忽略的, 则我们称 OM-CAP(m) 问题是困难的。如果对任意多项式有界的函数 $m(\cdot)$, OM-CAP(m) 问题都是困难的, 则 OM-CAP 问题是困难的。

现在, 我们需要对上述实验中每个 c_i 的产生方式做进一步讨论。假定攻击者 $\mathcal{A}$ 能够找到某个 $k \in \mathbb{Z}$ 和某个 $j \in \{1, \cdots, m(k) + 1\}$ 使得

$$c_j = p^k \tag{4.15}$$

则它可以直接令 $r_j = q^{k+1}$, 即不需要访问预言机 $\mathcal{O}_{CA}$ 就可以正确计算 r_j, 从而赢得整个实验。类似地, 如果攻击者 $\mathcal{A}$ 能够找到某个 $k \in \mathbb{Z}$ 和某个 $j \in \{1, \cdots, m(k)+1\}$

使得

$$c_j = \prod_{i=1, i \neq j}^{m(k)+1} c_i^{\alpha_i} \tag{4.16}$$

或

$$pc_j = \prod_{i=1, i \neq j}^{m(k)+1} (pc_i)^{\alpha_i} \tag{4.17}$$

式中，$\alpha_i \in \{0, k\}$，则

$$r_j = q \cdot \prod_{i=1, i \neq j}^{m(k)+1} r_i^{\alpha_i} \tag{4.18}$$

或

$$r_j = \prod_{i=1, i \neq j}^{m(k)+1} r_i^{\alpha_i} \tag{4.19}$$

那么，它在依次用 $c_i(i = 1, \cdots, j-1, j+1, \cdots, m(k)+1)$，访问预言机获得相应的 r_i 之后，无须再访问预言机就可以正确计算 r_j，于是也可以赢得实验。

然而，如果每个 c_i 都是从 B_n 中随机选择的，那么攻击者 $\mathcal{A}$ 找到满足式 (4.15) 或式 (4.16) 或式 (4.17) 的 k, j 和 α_i $(i = 1, \cdots, j-1, j+1, \cdots, m(k)+1)$ 的概率是可以忽略的 (相对于系统安全参数 N 来说)。一方面，攻击者 $\mathcal{A}$ 试图从式 (4.16) 或式 (4.17) 的右边往左边推导时，则它只有不停地随机去试，这跟纯粹的猜测没有什么区别，故它成功的概率是可以忽略的；另一方面，如果它试图从式 (4.16) 或式 (4.17) 的左边往右边推导时，它对每个试验用的 $\alpha_i(> 0)$ 都面临求根问题，而这也是困难的。如果攻击者 $\mathcal{A}$ 试图找到满足式 (4.15) 的 k 和 j 时，则它需要逐个试验 $p^k, k \in \mathbb{Z}$，看看是否碰巧有 p^k 等于某个 c_j。然而，我们知道 $\langle p \rangle$ 也是 B_n 的无限阶子群，而 j 是多项式有界的。因此，碰巧有 p^k 等于某个 c_j 的概率也是可以忽略的。

如果允许攻击者 $\mathcal{A}$ 来选择这些 c_i，则情况又完全不同：一方面，它可以轻松地选择 c_i 使得式 (4.15) 或式 (4.16) 或式 (4.17) 成立；另一方面，它这种"作弊"行为又很难被发现，因为要发现它是否作弊也面临类似的难题。因此，我们在设计签名方案时，不允许任何用户 (包括攻击者) 自行选择这些 c_i。我们允许用户自适应地选择消息进行查询，然后用一个单向哈希函数 (假定为随机预言模型) 将用户提交的消息映射为某个 B_n 中的某个随机辫子。这样，哈希函数的单向性就杜绝了用户自行选择这些 c_i 的可能性。

4.5.2　基于共轭连接问题的新型数字签名方案

设 B_n 为工作辫群, 消息空间和签名空间分别为 $\{0,1\}^*$ 和 $\{0,1\}^* \times B_n$, $H:$ $\{0,1\}^* \to B_n$ 为一个单向哈希函数。我们所设计的签名方案, 记为共轭连接签名方案 (conjugate adjoin sighature scheme, CASS), 包括如下三个算法。

(1) 密钥生成算法 $\mathcal{G}$: 从辫群 B_n 中随机选择两个辫子 P, W, 计算 $Q = W^{-1}PW$。返回公钥 $pk = (P, Q)$ 和私钥 $sk = W$。

(2) 签名生成算法 $\mathcal{S}$: 给定消息 $m \in \{0,1\}^*$ 和签名者私钥 W, 计算签名辫子

$$R = W^{-1}P \cdot H(m) \cdot W \tag{4.20}$$

则消息 m 的签名就是 $\sigma = (m, R)$。

(3) 签名验证算法 $\mathcal{V}$: 给定签名 $\sigma = (m, R) \in \{0,1\}^* \times B_n$, 首先计算 $C = H(m)$ 和 $R' = RQ^{-1}$, 然后验证两个共轭关系 $R \sim PC, R' \sim C$ 是否成立。如果成立, 则接受签名 σ 并输出 1; 否则, 拒绝签名 σ 并输出 0。

上述签名方案是确定性的, 如果需要, 可以按照下列方式简单地改为概率性的: 签名空间改变为 $\{0,1\}^* \times \{0,1\}^* \times B_n$, 签名时先选择随机数 $c \in \{0,1\}^*$, 然后令签名辫子为 $R = W^{-1}P \cdot H(m||c) \cdot W$, 则消息 m 的签名就是 $\sigma = (m, c, R)$。验证时令 $C = H(m||c)$, 其余跟上述方案相同。

定理 4.3　上述签名方案 CASS 是正确。

证明　根据签名的产生方式, 显然有 $C = H(m)$, 则

$$R = W^{-1}PCW \sim PC \tag{4.21}$$

且

$$R' = RQ^{-1} \tag{4.22}$$

$$= W^{-1}PCW \cdot W^{-1}P^{-1}W \tag{4.23}$$

$$= W^{-1}PCP^{-1}W \tag{4.24}$$

$$\sim PCP^{-1} \tag{4.25}$$

$$\sim C \tag{4.26}$$

证毕。

定理 4.4(CASS 的 EUF-CMA 安全性)　假设哈希函数 $H : \{0,1\}^* \to B_n$ 为随机预言模型, 并且 OM-CAP 问题是困难的, 则上述签名方案 CASS 在自适应选择消息攻击模型下是不可伪造的。

证明 假定某个攻击者 $\mathcal{A}$ 共进行了 q_h 次哈希询问和 q_s 次签名询问。设所得到的签名依次为 $\sigma_i = (m_i, R_i)(i = 1, \cdots, q_s)$。假设在这之后攻击者 $\mathcal{A}$ 成功地输出了一个伪造的签名 (m^*, R^*)，即它没有询问过关于消息 m^* 的签名，但是 (m^*, R^*) 满足：$R^* \sim PC, R' \sim C$，这里 $C = H(m), R' = R^* Q^{-1}$。现在我们证明，可以利用 $\mathcal{A}$ 构造另外一个算法 (攻击者)$\mathcal{A}'$，使得 $\mathcal{A}'$ 能够赢得 OM-CAP 实验。

不失一般性，我们假定 q_h, q_s 均以 k 的某个多项式 $m(k)$ 为界，即 $q_h, q_s \leqslant m(k)$。$\mathcal{A}'$ 所面临的挑战是对于给定的 $c_i(i = 1, \cdots, m(k) + 1)$，在访问共轭连接预言机 $\mathcal{O}_{\mathrm{CA}}$ 至多 $m(k)$ 次的条件下，输出 $r_i(i = 1, \cdots, m(k) + 1)$，使得 $(r_i \sim pc_i) \wedge (r_i q^{-1} \sim c_i))$。

算法 $\mathcal{A}'$ 构造如下。

(1) 初始化。令 $P = p, Q = q$。然后定义一个哈希列表 H-List。H-List 包括两个域 (m, c)。初始化时令 H-List 就包含 $m(k) + 1$ 个表项，但是每个表项的 m-字段为空，c-字段依次填入 c_i，然后令 $i = 0$。

(2) 和攻击者 $\mathcal{A}$ 进行如下交互式游戏。

① 对 $\mathcal{A}$ 的每个哈希查询 $H(m)$ 和签名查询 $\mathrm{Sign}(m)$，该算法分别按照如下方式进行响应。

a. $H(m)$：首先在 H-List 的 m-域中寻找 m，如果找到，说明 $H(m)$ 在此之前已经被询问过，就把对应表项的 c-域的值返回；如果没有找到，就说明 $H(m)$ 还未被询问过。此时，令 $i = i + 1$，把 m 填入 H-List 的第 i 个表项的 m-域中，然后向攻击者 $\mathcal{A}$ 返回该表项的 c-字段的值，记为 c_i。

b. $\mathrm{Sign}(m)$：假定在此之前 $\mathcal{A}$ 已经询问过 $H(m)$(如不然，则由该算法自身代替 $\mathcal{A}$ 进行一次 $H(m)$ 询问)。那么，就有某个 $i \in \{1, \cdots, m(k) + 1\}$ 使得 $c_i = H(m)$。此时，该算法向共轭连接预言机 $\mathcal{O}_{\mathrm{CA}}$ 执行针对挑战 c_i 的询问，在获得响应 r_i 之后，令 $R_i = r_i$。然后把 R_i 作为对 m 的签名返回给攻击者 $\mathcal{A}$。

② 设在 q_s 次签名询问之后，攻击者 $\mathcal{A}$ 输出伪造 (m^*, R^*)。

a. 如果已经有过针对 m^* 的签名询问 (自然就有过了哈希询问)，则说明这不是一个伪造，结束同 $\mathcal{A}$ 的游戏，该算法也异常终止。

b. 如果 (m^*, R^*) 未通过验证，即伪造不成功，也结束同 $\mathcal{A}$ 的游戏，该算法也异常终止。

c. 如果没有过针对 m^* 的签名询问，并且 (m^*, R^*) 通过验证，则说明 $\mathcal{A}$ 伪造成功。此时，假定已经有过针对 m^* 的哈希询问 (如不然，则由该算法自身代替 $\mathcal{A}$ 进行一次 $H(m^*)$ 询问)，即有某个 $j \in \{1, \cdots, m(k) + 1\}$ 使得 $c_j = H(m^*)$。此时，令 $r_j = R^*$。

(3) 然后，该算法继续考察除了 c_j 的每个挑战：如果对某个 $c_i(i \in \{1, \cdots, j - 1, j + 1, \cdots, m(k) + 1\})$ 还没有向共轭连接预言机 $\mathcal{O}_{\mathrm{CA}}$ 执行过询问，则现在询问，并

得到相应的响应 r_i。

(4) 最后, 该算法输出所有 $m(k)+1$ 个响应: $r_i(i \in \{1, \cdots, m(k)+1\})$。显然, 每个 r_i 都满足 $((r_i \sim pc_i) \wedge (r_iq^{-1} \sim c_i))$。此时, 该算法能够赢得 OM-CAP 实验, 因为询问 $\mathcal{O}_{CA}$ 的次数少于输出正确响应的个数。

现在我们来考察算法 $\mathcal{A}'$ 赢得 OM-CAP 实验的概率。显然, 只要算法 $\mathcal{A}'$ 没有异常退出, 即执行到了最后一步, 则它必然赢得实验。而算法 $\mathcal{A}'$ 的定义表明, 它执行到最后一步当且仅当攻击者 $\mathcal{A}$ 成功输出了一个伪造。所以, 算法 $\mathcal{A}'$ 赢得 OM-CAP 实验的概率恰好等于攻击者 $\mathcal{A}$ 伪造成功的概率。

证毕。

注 4.4　同 Ko 等的简单共轭前面方案 (SCSS) 类似, CASS 也存在所谓的 k-同时共轭弱点。而且, 可以采用跟 ECSS 类似的方法, 来克服这一问题。由于这种改进的方法跟 ECSS 完全类似, 而且对安全性证明没有本质影响, 所以我们在此不再赘述。

4.5.3　性能分析和对比

表 4.1 给出了本书设计的签名方案和 Ko 等提出的两个签名体制的性能比较, 其中所关心的统计量包括: 辫子乘法操作的次数、求逆操作的次数和判断两个辫子是否共轭的次数①。

表 4.1　性能比较

	TCSS 方案			SCSS 方案			CASS 方案		
	乘法	求逆	判共轭	乘法	求逆	判共轭	乘法	求逆	判共轭
签名过程	8	1	0	2	0	0	2	0	0
验证过程	4	0	5	2	0	2	2	0	2
共计	12	1	5	4	0	2	4	0	2
安全性假设	OM-MCP 困难性						OM-CAP 困难性		

表 4.1 表明, 本书提出的签名方案的效率高于 TCSS 方案: 签名过程的计算量不到 TCSS 方案的 25%; 验证过程的计算量不到 TCSS 方案的 50%; 总的计算量大约为 TCSS 方案的 30%。和 SCSS 方案相比, 本书提出的方案并不具有性能上的优势, 但是也毫不逊色, 两者的计算量相等。但是, 一方面, 文献 [88] 中并未证明 TCSS 和 SCSS 可以达到 EUF-CMA 安全性, 其可证明安全性是我们在前面补充的, 而本书的方案是可证明安全的。另一方面, SCSS 方案中的签名 $Q' = S \cdot H(m) \cdot S^{-1}$ 具有一定的 "对称" 性, 即签名跟部分公钥 $P' = S \cdot P \cdot S^{-1}$ 在结构上对称; 但是本

---

①能够实施预计算的操作不统计在内。例如, Ko 等方案中的 S^{-1} 以及本书方案中的 $W^{-1}P$ 和 Q^{-1} 等均与待签名的具体消息无关, 是可以预先计算的, 所以这些操作不统计在内。

书提出的方案具有一定的"非对称性", 即签名 $R = W^{-1} \cdot P \cdot H(m) \cdot W$ 和部分公钥 $Q = W^{-1} \cdot P \cdot W$ 在结构上并不对称。本质上, 我们认为这种非对称的设计正是充分利用了辫群的非交换性特点, 这种方法更具一般性。我们也正是从辫群乘法运算的非交换性这一特点出发, 在设计中尽量打破"对称"结构, 从而构造出了本书的签名方案。

4.6　基于辫群的传递签名体制

2002 年, 著名密码学家 Micali 和 Revist[149] 提出了传递签名的概念, 主要用于对具有传递性的二元关系进行高效签名。传递签名的概念可以表示为

$$\sigma_{i,j} + \sigma_{j,k} \longrightarrow \sigma_{i,k} \tag{4.27}$$

其含义是: 拥有对边 (i,j) 的有效签名 $\sigma_{i,j}$ 和对边 (j,k) 的有效签名 $\sigma_{j,k}$ 的任何人可以仅凭借签名者 S 的公钥即可合成对边 (i,k) 的有效签名 $\sigma_{i,k}$。这里, i,j,k 均表示特定有向 (认证) 图的节点。在可信计算语境下, 如果将认证图的节点理解为实体, 边理解为信任关系, 则上述传递签名可以解释为"如果 i 对 j 的信任是经过确认的, 而且 j 对 k 的信任也是经过确认的, 则 i 对 k 的信任也得到确认。"在这个解释中, "确认"是有特定含义的: 就是签名通过了 (用签名者 S 的公钥进行的) 验证。这里, 签名者 S 实际上是一个特殊的实体, 它凌驾于以认证图节点所表示的那些普通实体之上, 普通实体之间的信任关系只有通过了签名者 S 的签名 (包括原始的由 S 签出的和根据 S 的签名合成出的) 才能得到确认。签名的传递代表的是信任关系的传递, 因而, 传递签名在与信任管理有关的军事、政治和经济等领域都有重要的应用。2007 年 2 月, 欧洲密码学卓越网络 (European Network of Excellence in Cryptology, ECRYPT) 联合项目组发布了非对称密码新方向研究计划, 其中就包括传递签名技术。传递签名一经提出, 立刻引起了国内外学者的高度关注。经过密码学家的努力, 现在人们已经知道了如何基于整数分解难题、离散对数难题以及与双线性配对有关的密码学难题假设来实现传递签名。如前面所述, 这些系统均不能有效抵抗 Shor 的量子算法攻击。在 2007 年印度密码年会上, 我们提出了两个基于辫群的传递签名方案[150], 现介绍如下。

首先, 我们介绍传递签名这一密码学原语。Micali 和 Revist[149] 给出的传递签名原语由如下四个算法构成。

定义 4.6(传递签名[149])　一个传递签名方案 $\mathcal{TS}$ 包含如下四个概率多项式时间算法。

(1) 密钥生成算法 TKG: 以系统安全参数 1^k 为输入, 输出公私钥对 (TVK,TSK)。

(2) 签名生成算法 TSign: 以签名私钥 TSK 和待签名的边 (i,j) 为输入, 输出一个原始签名 $\sigma_{i,j}$。

(3) 签名合成算法 Comp: 以边 (i,j) 的签名 $\sigma_{i,j}$ 和边 (j,k) 的签名 $\sigma_{j,k}$ 及签名验证公钥 TVK 为输入, 输出边 (i,k) 的一个合成签名 $\sigma_{i,k}$。

(4) 签名验证算法 TVf: 以边 (i,j) 和签名 $\sigma_{i,j}$ 及签名验证公钥 TVK 为输入, 输出 1(表示接受签名) 或 0(表示拒绝签名)。

传递签名的正确性和安全性的定义比普通签名要复杂得多, 原因在于: 首先, 消息空间是认证图, 抽象地看, 就是一个有向图或无向图中的所有边; 其次, 签名的传递合成从某种程度上可以看作一种 "可以容忍" 的伪造, 即允许不拥有签名私钥的人通过两个有效的签名 (前提条件是这两个有效签名的边满足传递性关系) 合成一个新的有效的签名; 再次, 这种传递合成允许嵌套或者递推执行。例如, 从三个签名 $\sigma_{i,j}$、$\sigma_{j,k}$ 和 $\sigma_{k,l}$ 经过两层传递合成可以得到有效签名 $\sigma_{i,l}$。而安全性则要求, 这类 "可以容忍" 的伪造之外的其他伪造, 都应该被防止。概括起来就是: 假定全体消息空间所对应的认证图为 $G = (V, E)$, 并且已经获得的有效签名的边集合构成的子图为 $S_G \subset E$, 则针对边 (i,j) 的一个签名 $\sigma_{i,j}$ 是可以有效合成的, 当且仅当边 (i,j) 被包含在 S_G 的传递闭包中; 除此之外的任何可通过验证方程的签名都视为一个成功的伪造, 一个传递签名体制是安全的是指对任何多项式时间的攻击者, 输出一个成功伪造的概率是可以忽略的。

下面介绍我们提出的两个辫群传递签名方案[150]。第一个辫群传递签名方案实现了普通的传递签名功能, 即允许任何人从两个有效的签名在满足对应边可传递性的条件下合成一个有效的签名。该方案由以下四个算法构成。

(1) TKG(n): 设安全参数为辫群指数 n, 令

$$(p, q, w) \xleftarrow{\$} K_{\text{csp}}(n) \tag{4.28}$$

并返回签名公钥 $tpk = (p, q)$ 和签名私钥 $tsk = w$, 这里 $p, q, w \in B_n$ 并且 (p, q) 为一 CSP-hard 辫子对 (参见 4.2.2 节)。

(2) TSign(w, i, j): 对于给定的认证图 $G = (V, E)$ 中的一条边 $(i,j) \in E$, 其原始签名为一个辫子, 产生如下:

$$\sigma_{ij} = w b_i b_j^{-1} w^{-1} \tag{4.29}$$

式中, $b_i = H(i), b_j = H(j)$。这里, 不失一般性, 假定 $i < j$; 如不然, 可在签名之前先交换 i 和 j。

(3) TVf(p, q, i, j, σ_{ij}): 针对边 $(i,j) \in E$ 的一个签名 σ_{ij} 是有效的, 当且仅当

$$(\sigma_{ij} \sim b_i b_j^{-1}) \wedge (q \cdot \sigma_{ij} \sim p \cdot b_i b_j^{-1}) \tag{4.30}$$

成立, 其中 $b_i = H(i), b_j = H(j)$。

(4) $\mathrm{Comp}(p, q, i, j, k, \sigma_{ij}, \sigma_{jk})$: 给定边 (i, j) 的签名 $\sigma_{i,j}$ 和边 (j, k) 的签名 $\sigma_{j,k}$, 如果

$$\mathrm{TVf}(p, q, i, j, \sigma_{ij}) + \mathrm{TVf}(p, q, j, k, \sigma_{jk}) < 2 \tag{4.31}$$

则输出失败标志符号 $\perp$; 否则, 输出针对边 (i, k) 的签名辫子如下:

$$\sigma_{ik} = \sigma_{ij} \cdot \sigma_{jk} \in B_n \tag{4.32}$$

这里, 不妨假定 $i < j < k$; 若不然, 再可在合成之前先重排它们的顺序。

注 4.5   在算法 TSign 中, 如果我们不考虑条件 $i < j$ 是否成立, 则会发现通常情况下有: $\sigma_{ij} \neq \sigma_{ji}$。但是, 这并不意味着我们得到了一个有向图传递签名方案 —— 任何人可以很容易地通过求签名辫子 σ_{ij} 的逆操作来得到签名辫子 σ_{ji}。

第二个辫群传递签名对原有的传递签名原语稍作推广: 引入了签名传递合成者这个角色, 即拥有合成私钥的人才可以执行合成操作。该方案也由四个算法构成。

(1) 密钥生成算法 TKG(n): 首先, 同前文算法 TKG(n) 一样, 按式 (4.33) 产生三个辫子:

$$(p, q, w) \xleftarrow{\$} K_{\mathrm{csp}}(n) \tag{4.33}$$

然后, 选择另外一个随机辫子 $c \in B_n$, 并且计算 $d = wpcw^{-1}$。最后, 输出签名生成密钥 $tsk = w$、签名验证公钥 $tpk = (p, q, c)$ 和签名合成私钥 d, 其中 $p, q, c, d, w \in B_n$ 并且 (p, q) 和 (pc, d) 均为 CSP-hard 辫子对。

(2) $\mathrm{TSign}(w, i, j)$: 对于给定的边 $(i, j) \in E$, 其原始签名是如下生成的一个辫子:

$$\sigma_{ij} = wpb_i b_j^{-1} cw^{-1} \tag{4.34}$$

式中, $b_i = H(i), b_j = H(j)$。这里, 我们仍然假定 $i < j$。

(3) $\mathrm{TVf}(p, q, c, i, j, \sigma_{ij})$: 针对边 $(i, j) \in E$ 的一个签名 σ_{ij} 是有效的, 当且仅当

$$(\sigma_{ij} \sim pb_i b_j^{-1} c) \wedge (q^{-1} \cdot \sigma_{ij} \sim b_i b_j^{-1} c) \tag{4.35}$$

式中, $b_i = H(i), b_j = H(j)$。

(4) $\mathrm{Comp}(p, q, c, d, i, j, k, \sigma_{ij}, \sigma_{jk})$: 给定边 (i, j) 的签名 $\sigma_{i,j}$ 和边 (j, k) 的签名 $\sigma_{j,k}$, 如果

$$\mathrm{TVf}(p, q, i, j, \sigma_{ij}) + \mathrm{TVf}(p, q, j, k, \sigma_{jk}) < 2 \tag{4.36}$$

则输出失败标志符号 $\perp$; 否则, 输出针对边 (i, k) 的签名辫子如下:

$$\sigma_{ik} = \sigma_{ij} \cdot d^{-1} \cdot \sigma_{jk} \tag{4.37}$$

式中, 不妨仍然假定 $i < j < k$。

注 4.6　作为第一个方案的一个简单变形, 第二方案的效率要低一些: 在签名和合成算法中要多做一次辫子乘法 (这里假定 wp 和 cw^{-1} 均可以预先计算)。但是, 相比第一个方案, 第二个方案有一个新特点: 不拥有签名合成密钥 d 的人无法执行合成操作。因此, 在实际系统运行中, 这个 d 可以委托给一个半可信的第三方 (例如, 云服务器), 从而只有这个第三方可以完成签名合成操作 —— 在满足传递性条件下。

4.7　基于辫群的盲签名体制

在传统的数字签名体制中, 签名者是知道欲签名的消息内容的, 签名体制的安全性要求伪造签名是不可能的。而在盲签名体制中, 用户却可以在不让签名者知道欲签名的真实消息的前提下, 获得签名者对于该消息的签名。盲化签名 (简称盲签名) 的概念最先是由 Chaum[151] 在 1982 年发明的, 其目的是用盲签名模仿现实生活中货币和消费者之间所蕴含的匿名性。具体说, 盲签名有两个特有的属性: 一是不可追踪性 (untraceability); 二是不可链接性 (unlinkability)。盲签名通常经常被用来实现电子现金: 签名者相当于银行的角色, 用户相当于消费者, 签名的有效性表征现金的有效性; 不可追踪性是说任何人 (包括签名者) 无法根据电子现金追踪到消费者; 不可链接性是说任何人 (包括消费者) 无法判断把同一消费者所支付的任意两笔电子现金联系在一起, 换句话说, 对于任意给定的两笔电子现金, 无法判断它们是否来自同一个消费者。正因为盲签名具有这样的特性, 它可以在电子货币、电子银行、电子商务的诸领域具有广泛的应用背景。盲签名的概念一经提出, 立刻引起了许多研究人员的关注, 经过 Chaum 等[151, 152]、Bellare 等[148, 153]、Ostrovsky 等[154]、Pointcheval 等[155−157]、Schnorr[158]、Zhang 等[159] 密码学家的努力, 现在人们已经知道了如何基于 RSA 假设、大整数分解难题、离散对数难题以及与双线性配对有关密码学难题假设来实现盲签名。然而, 如前面所述, 这些系统均不能抵抗 Shor 的量子算法攻击。在此背景下, 人们开始寻找基于其他密码学构造平台 (例如, 辫群) 的盲签名系统。2008 年, Verma[160] 首次提出了基于辫群的盲化签名方案。可惜的是, Verma 的方案并不安全, 容易受到依赖于共轭判断的链接攻击。

在给出我们的辫群盲化签名之前, 需要先给出 Ko 等[88] 所提出的简单共轭签名体制的一个变种 (记为 V-SCSS), 并以此作为我们的构造块 (building block)。假定以辫群指数 n 作为系统安全参数, 消息空间为 $\mathcal{M} = \{0,1\}^*$。对于任意给定的一个辫子 $p \in B_n$, 令 $H_p : \mathcal{M} \to p^{B_n}$ 是一个密码学哈希函数, 它实现任意消息到与 p 共轭的某个辫子的映射。在我们的方案中, p 可以作为一个公开参数事先固定下来。现在，假定 $(n, B_n, \mathcal{M}, H_{(.)})$ 是签名方案的系统公开参数，其中 $H_{(.)}$ 指哈希函数 H_p (但 p 尚未指定或者暂不关心)。于是，变种签名体制 V-SCSS 由如下算法构成。

(1) 密钥生成算法 $\mathcal{G}(1^n)$：以系统安全参数 (即辫群指数)n 作为输入，调用

$$(p, q, s) \xleftarrow{\$} \mathcal{K}_{\mathrm{csp}}(n)$$

并输出签名验证 (即公钥) 辫子对 (p, q) 和签名私钥辫子 s。

(2) 签名算法 $\mathcal{S}(s, m)$：以签名私钥辫子 s 和欲签名消息 $m \in \mathcal{M}$ 为输入，按式 (4.38) 计算并输出一个签名辫子：

$$\sigma = s \cdot H_p(m) \cdot s^{-1} \tag{4.38}$$

(3) 验证算法 $\mathcal{V}(p, q; m, \sigma)$：以签名验证 (即公钥) 辫子对 (p, q)、消息 m 和一个签名辫子 σ 作为输入，如果以下两个共轭判断式：

$$\sigma \sim H_p(m) \text{ 和 } q\sigma \sim pH_p(m) \tag{4.39}$$

同时成立，则输出 1(表明签名有效)；否则，输出 0(表明签名无效)。

注 4.7 上述变种签名方案 V-SCSS 的正确性和安全性显然可直接来自于 Ko 等的原方案 SCSS。需要说明的是，在签名验证式 (4.39) 中，第一个共轭判断式是必需的，其作用是防止如下的简单伪造：$\sigma^* = q^{-1}b^{-1} \cdot pH_p(m) \cdot b$(对某个辫子 $b \in B_n$)。

接下来，让我们将上述签名方案 V-SCSS 改造为一个盲签名方案。签名密钥生成和签名验证算法仍然保持不变，改造的核心是将 V-SCSS 的签名算法 $\mathcal{S}(s, m)$ 改造为一个盲化签名的协议 $\mathcal{BS}(s, m)$。

盲化签名协议 $\mathcal{BS}(s, m)$ 如下。

(1) 盲化 $\mathcal{B}(p, m)$：这是一个概率多项式时间算法，由请求签名的用户执行。该算法以系统公钥参数 p 和原始消息 m 为输入，执行以下三个步骤。

① 随机选择一个辫子 $b \in RB(\lfloor n/2 \rfloor + 1, n - 1)$，这里 $RB(j, k)$ $(j < k)$ 表示由 Artin 生成子 $a_j, a_{j+1}, \cdots, a_k$ 生成的右半子群。

② 按式 (4.40) 计算盲化消息辫子

$$\widehat{m} = b^{-1} \cdot H_p(m) \cdot b \tag{4.40}$$

③ 发送盲化消息辫子 $\widehat{m}$ 给签名者。

(2) 签名 $\mathcal{S}(s, \widehat{m})$：这是一个确定性的签名算法，由签名者执行。该算法以签名私钥辫子 s 和盲化消息辫子 $\widehat{m}$ 为输入，按如下方式为用户生成盲化签名 $\widehat{\sigma}$：

$$\widehat{\sigma} = s \cdot \widehat{m} \cdot s^{-1} \tag{4.41}$$

(3) 去盲 $\mathcal{U}(\widehat{\sigma}, b)$: 这是一个确定性去盲算法，由用户执行。该算法以盲化签名 $\widehat{\sigma}$ 和盲化辫子 b 为输入，按如下方式计算并输出去盲后的签名 σ:

$$\sigma = b\widehat{\sigma}b^{-1} \tag{4.42}$$

注 4.8　上述辫群盲化签名方案与 Verma[160] 方案有本质不同：上述方案让所有消息的盲化消息辫子属于辫群的同一共轭子群，即满足如下交换图：

$$
\begin{array}{ccccccc}
m_0 & \longrightarrow & H_p(m_0) & =\!\!\!= & \widehat{m}_0 & =\!\!\!= & \sigma_0 \\
 & & \| & & \| & & \| \\
m_1 & \longrightarrow & H_p(m_1) & =\!\!\!= & \widehat{m}_1 & =\!\!\!= & \sigma_1
\end{array}
\tag{4.43}
$$

式中，长等号表示辫子之间的共轭关系，而不是等值关系。因此，使得针对 Verma 方案的依赖于共轭判断的链接攻击对上述方案无效。

第 5 章　基于自分配系统的密码体制

5.1　问题的提出

在第 4 章中, 我们分析了一些基于辫群的一般数字签名体制, 并给出了安全性证明。而且, 我们还提出了辫群上的新的难题, 并基于该难题, 设计了新的可以达到 EUF-CMA 安全性的数字签名方案。这些签名方案都有一个共同特点, 其签名验证算法中包含了判断两个辫子是否共轭这样的操作。尽管 Ko 等[88] 设计了求解 CDP 问题的有效算法, 但是该算法仅对中等规模的辫群有效。这就是说, 第 4 章中的那些基于辫群的数字签名方案, 无论是 Ko 等所提出的简单共轭签名方案 (SCSS)、三元组形式的匹配共轭签名方案 (TCSS), 还是 Ding 等改进的增强型方案 (ECSS), 或是我们所设计的共轭连接签名方案 (CASS), 都只适合于中等规模的辫群, 而不适合于大规模的辫群。这样一来, 如果想通过增大系统安全参数 (即辫指数 n) 来提高这些基于辫群的密码方案抗攻击能力, 就是不可行的了: 因为随着辫指数的增大, 这些签名方案的验证算法将变得很耗时、效率很低。

能否有方法解决这个问题呢? 回答一: 如果我们能够设计出新的高效的求解 CDP 问题的算法, 使得其适合于大规模辫群, 则此问题 “似乎” 得到了解决。回答二: 如果我们能够设计出新的签名体制, 其验证过程中没有判断两个辫子共轭这样的操作, 则我们避开了这个问题, 即无须回答这个问题。我们下面对这两个思路做进一步分析。

首先, 我们来分析第一种回答。CDP 问题和 CSP 问题有密切联系, 如果把 CDP 问题理解为判断型离散对数问题 (discrete logarithm problem, DLP), 则 CSP 问题就是计算型的 DLP[①]。我们知道, 对于 $\mathbb{Z}_p^*$ 群上的 DLP 而言, 计算型 DLP 是困难的, 而判断型 DLP 是平凡的, 因为给定任何 $x, y \in \mathbb{Z}_p^*$, 判断是否存在某个 $z \in \mathbb{Z}_p^*$ 使得 $x = y^z \bmod p$ 或者 $y = x^z \bmod p$ 是容易的 (注意, 并不要求给出这个 z)。也就是说, 目前人们对于 $\mathbb{Z}_p^*$ 群上的判断型 DLP 和计算型 DLP 之间的间隙是明了的: 这个间隙可以说是一个 “巨大的鸿沟”, 前者非常容易而后者非常困难。据我们所知, 还没有多项式时间算法可以跨越群 $\mathbb{Z}_p^*$ 上的这个间隙。但是对于辫群, 情形就没有这么乐观。人们对于 CDP 和 CSP 难解性之间的关系还没有研究透彻, 仅仅知道前者不比后者更难。尽管在 2002 年, Ko 等给出了中等规模辫群上的 CDP

---

①$y = zxz^{-1}$ 也常被记为指数形式 $y = x^z$。

问题的有效求解方法, 但是这并不等于宣布 CDP 问题对于一般辫群 (尤其是大规模辫群) 也是可以有效求解的。至于 CSP 问题, 对于中等规模的辫群, 目前也一般认为是困难的, 这也是第 4 章签名体制的设计基础: 如果 CDP 难, 则签名无法有效验证; 如果 CSP 不难, 则签名体制不安全, 故必须要求在 CDP 容易而 CSP 困难的辫群上才能实现这些签名体制。从另外一个方面看, 许多数学家在研究 CDP 问题的求解时, 往往着眼于寻找新的求解 CSP 问题的方法, 即他们是通过求解 CSP 问题的算法 (且先不讨论其效率如何) 来回答 CDP 问题的。这不由得让我们质疑: 辫群上的 CDP 和 CSP 之间的 GAP 到底有多大? 我们知道, 如果存在多项式时间的算法, 可以跨越辫群上的这个 GAP, 就等于宣告了第 4 章的所有签名体制都是无效的或者是不安全的。那么, 如果找到了针对大规模辫群上的 CDP 问题的高效的算法, 这个算法是否会对 CSP 困难性假设构成威胁呢? 除非我们可以严格证明, 这个算法对 CSP 困难性假设不构成威胁, 否则不能说已经回答了前面的问题。因此, 我们对第一种回答的可行性表示质疑。

其次, 我们来分析第二种回答。如果要避免在签名验证过程中求解 CDP 问题, 那么, 我们就只能依靠判断某些关于辫子的等式来验证签名了。而判断两个辫子是否相等的问题称为字问题 (word problem, WP)。辫群上的字问题已经被证明是容易的[120]。那么, 剩下的问题就是我们能否设计出这样的签名体制, 使得其安全性仍然基于 CSP 问题困难性假设, 而签名验证中仅需求解字问题。据我们所知, 目前还没有这样的签名体制。但是, 可喜的是, Dehornoy[84] 于 2006 年设计出了一个身份认证体制, 其安全性是基于 CSP 困难性假设的, 但是验证方程中不包含判断两个辫子共轭的运算, 仅仅是判断两个辫子是否相等。这鼓励我们去设计无需求解 CDP 的基于辫群的签名体制。这也正是本章的写作目的。

再次, Miller[131] 在 1992 年发表了群上判断型问题的研究综述, 系统归纳并总结了人们对于一般群以及一些特殊群上的几个主要的判断型问题 (包括字问题 (WP) 和共轭问题 (CP)) 的研究进展。从这篇文章中, 我们可以看到, 确实存在许多非交换群, 其上的字问题是容易求解的, 而共轭问题是可以证明不存在算法解的 (参见附录 B)。Miller 提到的共轭问题就是我们前面所说的共轭判断问题。这就是说, 存在一些非交换群, 只要其参数选择得当, 其上的字问题和共轭问题之间确实存在 "巨大的鸿沟", 我们不妨把这些群称为 WC-GAP 群 (group with huge gap between WP and CP)。目前, 我们还不知道辫群是否属于 WC-GAP 群, 因为辫群上的 CDP 问题还没有被证明一定是难解的。至此, 可能有人会问: 那我们为何不基于已经被证明的 WC-GAP 群来构造密码方案呢? 主要原因是这些群的计算机化表示问题没有解决。目前没有找到方便的实现方式, 使得这些群的元素以及群的各种运算, 可以用计算机方便地表示出来, 这是实现密码系统的基础。一旦这个表示方法找到, 那么, Dehornoy 的认证方案, 以及我们在本章中设计的基于自分配系统的密码方案, 都是可以平移到这些 WC-GAP 群上的。

5.2 左自分配系统的引入

为了便于和后面的内容衔接, 本节拟采取倒叙的方式: 首先, 直接给出左自分配系统的定义; 然后, 给出其上的密码学假设; 最后, 才简单追述一下这些概念的出处, 并着重介绍 Dehornoy 提出的基于左自分配系统的认证体制。

5.2.1 左自分配系统的定义

设 S 是一个非空集合。如果定义在 S 上的二元函数 $F: S \times S \to S$ 满足如下重写 (rewriting) 公式[①]:

$$F_r(F_s(p)) = F_{F_r(s)}(F_r(p)), \quad \forall r, s, p \in S \tag{5.1}$$

则称 $F.(\cdot)$ 是一个左自分配 (left self-distributive, LD) 系统。

术语自分配 (self-distributive, SD) 系统来自于下面的观察和类比。如果我们把 $F_r(s)$ 看作二元运算 $r * s$, 则式 (5.1) 就是

$$r * (s * p) = (r * s) * (r * p) \tag{5.2}$$

如果还不够清晰的话, 我们不妨把式 (5.2) 中从左往右数第二个和第四个运算符 * 改为另外一个符号, 例如, $\star$, 则得到

$$r * (s \star p) = (r * s) \star (r * p) \tag{5.3}$$

这显然是 * 对 $\star$ 的分配律公式, 由于 * 和 $\star$ 是两种不同的运算, 故可以称为异分配律 (简称分配律)。而式 (5.2) 相当于 * 运算对于自身的分配律, 故称为自分配律。更加严格地, 式 (5.2) 所定义的分配律其实是左自分配律 (left self-distributive law), 而式 (5.1) 所定义的系统就被称为左自分配系统。

5.2.2 左自分配系统上的密码学假设

如果如式 (5.1) 所定义的左自分配系统 $F.(\cdot)$ 还满足以下属性。

(1) 给定二元组 $(p, F_s(p)) \in S^2$, 计算 s 是困难的。更加一般地, 给定二元组 $(p, F_s(p)) \in S^2$ 后, 难以找到 $\tilde{s} \in S$, 使得 $F_s(p) = F_{\tilde{s}}(p)$。

(2) 给定 $F_r(s) \in S$, 当 r 未知时, 计算 s 是困难的, 则称 $F.(\cdot)$ 具有单向性 (one-wayness)。后面我们将看到, 具有单向性的 (左) 自分配系统很适合用来设计密码协议。

---

① 为了后面讨论时形式上的需要, 我们把二元函数 $F(r, s)$ 写为 $F_r(s)$ 的形式。

(3) 给定 $F_r(s) \in S$, 即使 r 已知时, 计算 s 也是困难的。这第三条附加的属性是十分 "强" 的一个假设, 对于设计一般的密码体制, 可能不需要这么强的假设。但是对于某些特殊的方案, 为了保证其安全性, 可能需要这样的假设。所以, 我们把前两条假设称为是 (左) 自分配系统的单向性的基本假设 (basic assumptions on one-wayness of (left) self-distributive system), 而把第三条看作可选的假设 (optional assumption)。

但是, 如此假设, 仍然存在语义上的漏洞。去掉第三条假设, 并不等于第三条假设的反面一定成立。即使反面一定成立, 也存在语义上的漏洞。难解的反面不一定就是可以高效求解。实践告诉我们, 当 $k \geqslant 5$ 时, 随着问题规模 n 的增大, 计算复杂度为 $\mathcal{O}(n^k)$ 的算法的运行效率往往很不尽如人意。也就是说, 如果仅有前两条基本假设, 我们还无法断定: 给定 $F_r(s) \in S$ 和 r 后, 计算 s 是否是容易的? 由于后面设计的许多密码体制确实要求我们对此问题给出肯定的回答, 所以, 我们需要引入一个与第三条假设相矛盾的假设, 记为 $(3')$, 即给定 $F_r(s) \in S$, 当 r 已知时, 计算 s 是容易的。

我们说假设 (3) 是一个很强的假设, 即一般情况下不容易满足的假设。那么, 假设 $(3')$ 是否也很强呢? 回答是否定的。我们在后面将会看到, 确实存在具体的 LD 系统, 假设 $(3')$ 是成立的。这就是说, 假设 $(3')$ 可以认为比假设 (3) 更加合理一些。

除非特别说明, 下面所有提到的自分配系统均默认满足单向性; 并且, 除非特别说明, 此单向性的含义就是指满足假设 (1)、(2) 和 $(3')$。另外, 对于假设 (3) 和假设 $(3')$, 每当我们启用其中一个时, 潜在的语义就是同时禁用另外一个。

5.2.3 　基于左自分配系统的认证体制

我们首先补充一个声明: 自分配系统的概念不是本书作者的首创。Dehornoy 是最早系统研究自分配系统的专家之一。本章的很多思想就是借鉴了 Dehornoy 于 2006 年发表的题为 *Using shifted conjugacy in braid-based cryptography* 一文[84]。

现在, 我们来介绍 Dehornoy 在文献 [84] 中所提出的一个认证方案 (authentication scheme)。

给定左自分配系统 $F.(\cdot)$。设 $s \in_R S$ 是 Alice 的私钥, (p, p') 是她的公钥, 其中 $p \in_R S$ 并且 $p' = F_s(p) \in S$。现在, 假设 Alice 想向 Bob 证明自己的身份。那么, 他们运行如下协议。

(1) Alice 随机选择 $r \in_R S$, 计算二元组 $(x = F_r(p), x' = F_r(p'))$ 作为自己的承诺, 并发送该承诺给 Bob。

(2) Bob 随机选择 $c \in_R \{0, 1\}$ 作为挑战, 并发送 c 给 Alice。

(3) 如果 $c = 0$, Alice 发送 $y = r$ 给 Bob 作为响应, 并且 Bob 验证等式 $x = F_y(p)$ 和 $x' = F_y(p')$ 是否同时成立。如果成立, 则接受 Alice; 否则, 拒绝 Alice。

(4) 如果 $c = 1$, Alice 发送 $y = F_r(s)$ 给 Bob 作为响应, 并且 Bob 验证等式 $x' = F_y(x)$ 是否成立。如果成立, 则接受 Alice; 否则, 拒绝 Alice。

显然, 上述方案属于 Fiat-Shamir 类型的认证方案, 每运行一次, 诚实用户将以概率 1 通过认证, 而冒充者仅以 $1/2$ 的概率通过认证, 所以需要多次运行该协议才能完成一次完整的身份认证。该认证方案的安全性就是基于左自分配系统 $F_\cdot(\cdot)$ 的单向性。

5.3　基于左自分配系统的数字签名体制的设计

Dehornoy 在文献 [84] 中仅给出了一个认证体制, 而没有给出其他密码方案。受其思想之启发, 我们在这一节, 试图设计基于左自分配系统的数字签名体制。

我们知道, 给定任何一个 Fiat-Shamir 类型的认证方案, 可以按照固定的套路构造出一个数字签名方案。然而, 这样的方案可以看作 Dehornoy 认证方案的平凡推广, 而且效率不高。因此, 我们在本节中试图给出新的设计。为了充分体现 (左) 自分配系统的灵活多变的重写方式, 我们不仅最终给出正确的设计, 也给出前面两个不成功的尝试, 并分析其失败的原因。

5.3.1　设计一

根据左自分配系统的定义, 有

$$
\begin{aligned}
F_s(F_r(p)) &= F_{F_s(r)}(F_s(p)) \\
&= F_{F_{F_s(r)}(s)}(F_{F_s(r)}(p)) \\
&= F_{F_{F_{F_s(r)}(s)}(F_s(r))}(F_{F_{F_s(r)}(s)}(p)) \\
&= \cdots
\end{aligned}
\tag{5.4}
$$

如果记 $s_0 = s, s_1 = F_r(s)$, 并且 $s_i = F_{s_{i-1}}(s_{i-2})$, $i = 2, 3, \cdots$, 则我们可得如下一组重写公式:

$$
\begin{aligned}
F_s(F_r(p)) &= F_{F_s(r)}(F_s(p)) \overset{\text{def}}{=} F_{s_1}(F_{s_0}(p)) \\
&= F_{F_{F_s(r)}(s)}(F_{F_s(r)}(p)) \overset{\text{def}}{=} F_{s_2}(F_{s_1}(p)) \\
&= F_{F_{F_{F_s(r)}(s)}(F_s(r))}(F_{F_{F_s(r)}(s)}(p)) \overset{\text{def}}{=} F_{s_3}(F_{s_2}(p)) \\
&= \cdots
\end{aligned}
\tag{5.5}
$$

根据 LD 的单向性, 显然, 如果不知道 s_i 和 s_{i-2}, 计算 s_{i-1} 是困难的。而且, 如果对某个特定的 j, 知道了二元组 (s_j, s_{j+1}), 则对所有的 i, s_i 都是容易计算的。

因此, 假设用户私钥为 $s \stackrel{\text{def}}{=} s_0$, 公钥为 $(p, p' = F_s(p))$。我们可以尝试定义如下签名算法 $\text{Sign}(m)(m \in \mathcal{M})$。

(1) 计算 $r = H(m)$, 其中 $H(\cdot)$ 是一个公开的哈希函数。

(2) 计算 $x = F_s(r) \stackrel{\text{def}}{=} s_1, y = F_x(s) \stackrel{\text{def}}{=} s_2, z = F_y(x) \stackrel{\text{def}}{=} s_3$, 且 $w = F_y(p)$。

(3) 输出三元组 (x, z, w) 作为对消息 m 的签名。

而验证方程非常简单:

$$F_x(p') \stackrel{?}{=} F_z(w) \tag{5.6}$$

如果一个三元组 (x, z, w) 是针对某个消息 m 的有效签名, 则验证方程 (5.6) 必然成立。但是, 上述签名体制是错误的! 消息 m 没有出现在验证方程中, 我们无法断定 (x, z, w) 是针对 m 的签名而不是针对另外一个消息 m' 的签名。

如果我们互换重写式 (5.5) 中 r 和 s 的角色, 则我们有 $r_0 = r, r_1 = F_r(s)$, 并且 $r_i = F_{r_{i-1}}(r_{i-2})$, $i = 2, 3, \cdots$。

$$\begin{aligned}
F_r(F_s(p)) &= F_{F_r(s)}(F_r(p)) \stackrel{\text{def}}{=} F_{r_1}(F_{r_0}(p)) \\
&= F_{F_{F_r(s)}(r)}(F_{F_r(s)}(p)) \stackrel{\text{def}}{=} F_{r_2}(F_{r_1}(p)) \\
&= F_{F_{F_{F_r(s)}(r)}(F_r(s))}(F_{F_{F_r(s)}(r)}(p)) \stackrel{\text{def}}{=} F_{r_3}(F_{r_2}(p)) \\
&= \cdots
\end{aligned} \tag{5.7}$$

此时, 仅知道 r_i 和 r_{i-2} 是难以计算出 r_{i-1} 的。同样地, 如果对某个特定的 j, 知道了 (r_j, r_{j+1}), 则对任意的 i, 容易计算出 r_i。

现在, 让我们对上面的错误的签名方案重新进行思考。由于 $s_0 = s$ 是私钥, 这是必须保密的。因此, 我们可以在签名中公开 s_1 和 s_3。如果令 $r_0 = r = H(m)$(显然, 这是公开的), 并且令 $r_1 = F_r(s)$, 那么为了保密 s 就必须保密 r_1。如果我们以同样方式公布 r_2 和 $F_{r_1}(p)$, 则得到另外一个验证方程。也就是说, 令 $x' = r = H(m) \stackrel{\text{def}}{=} r_0$, $y' = F_{x'}(s) \stackrel{\text{def}}{=} r_1, z' = F_{y'}(x') \stackrel{\text{def}}{=} r_2$, 并且 $w' = F_{y'}(p)$, 然后公开 (z', w'), 则下列方程应该成立:

$$F_{H(m)}(p') = F_{z'}(w') \tag{5.8}$$

现在, 针对消息 m 的完整的签名就是 5-元组 (x, z, w, z', w'), 使得式 (5.6) 和式 (5.8) 同时成立。其实, 上述签名的五元组 (x, z, w, z', w') 可以精简为二元组 (z', w') 同时去掉验证式 (5.6)。

然而, 这个签名体制并不安全。攻击者首先可以计算 $F_{H(m)}(p')$, 然后随机选择 z' 并且可以很容易地计算 w' 使得验证式 (5.8) 成立。也就是说, 不用私钥 s 也完全可以签出满足验证方程的签名二元组 (z', w'), 私钥根本就没有被绑定进去, 这是一个完全错误的设计! 当然, 如果我们启用关于自分配系统的单向性假设 (3′), 则此类攻击无效。

这个攻击提醒我们: (左) 自分配系统灵活多变的重写方式, 给密码体制的设计带来方便的同时, 也给攻击者提供了方便。

5.3.2 设计二

分析了第一次设计失败的原因后, 我们又设计了一个新的签名体制。该体制的设计比第一个要复杂一些, 它挖掘出了基于 (左) 自分配系统的密码设计的一些新思路。

新体制描述如下。

给定左自分配系统 $F.(\cdot)$。设 $s \in_R S$ 是用户的私钥, (p, p') 是其公钥, 其中 $p \in_R S$ 并且 $p' = F_s(p) \in S$。进一步, 假定消息空间 $\mathcal{M} = S$(若不然, 可以假定存在一个哈希函数 H, 它映射消息空间 $\mathcal{M}$ 到 S)。签名算法和验证算法定义如下。

(1) 签名算法: 给定消息 m, 其对应的签名为二元组 (x, y), 其中: $F_s(x) = m$ 并且 $y = F_{F_x(s)}(x)$。

(2) 验证算法: 签名 (x, y) 是对消息 m 的有效签名, 当且仅当下列等式成立:

$$F_x(F_m(F_m(p'))) = F_y(F_y(F_x(p'))) \tag{5.9}$$

注 5.1   当然, 这个签名体制存在一个平凡的伪造, 即令 $x = y = m$。很显然, 这个伪造是很容易检测出来的。所以, 这个伪造对该体制的安全性并不构成威胁。

1. 正确性分析

考虑公式

$$F_x(F_s(F_x(F_x(p))))$$

沿如下两个不同的方向的重写。

首先, 由内向外重写, 有

$$\begin{aligned}
F_x(F_s(F_x(F_x(p)))) &= F_x(F_{F_s(x)}(F_s(F_x(p)))) \\
&= F_x(F_m(F_s(F_x(p)))), (m = F_s(x)) \\
&= F_x(F_m(F_{F_s(x)}(F_s(p)))) \\
&= F_x(F_m(F_m(F_s(p)))) \\
&= F_x(F_m(F_m(p')))
\end{aligned}$$

其次, 由外向内重写, 我们有

$$F_x(F_s(F_x(F_x(p)))) = F_{F_x(s)}(F_x(F_x(F_x(p))))$$

$$= F_t(F_x(F_x(F_x(p)))), \ (t = F_x(s))$$
$$= F_{F_t(x)}(F_t(F_x(F_x(p))))$$
$$= F_y(F_t(F_x(F_x(p)))), \ (y = F_t(x))$$
$$= F_y(F_y(F_t(F_x(p))))$$
$$= F_y(F_y(F_{F_x(s)}(F_x(p))))$$
$$= F_y(F_y(F_x(F_s(p))))$$
$$= F_y(F_y(F_x(p')))$$

两次不同方向的重写结果应该是等值的, 因此, 我们就得到了签名的验证方程 (5.9)。

2. 安全性假设及分析

为了便于讨论这个新设计的签名体制的安全性, 我们先提出以下几个新的问题, 并分析其求解的困难性。

我们需要讨论的是与左自分配系统有关的几个方程。首先, 我们定义一个方程, 记为 $Eq(1,0)$, 如下:

$$Eq(1,0): \quad F_x(a) = b$$

式中, $a, b \in S$ 是两个已知元素, 而 x 是一个未知的元素, 也是该方程的求解目标。那么, 根据 LD 系统的单向性假设, 可知方程 $Eq(1,0)$ 确实是难解的[1]。类似地, 方程

$$Eq(0,1): \quad a = F_y(b)$$

也是难解的。

现在, 我们再定义一个新的方程, 记为 $Eq(1,1)$, 如下:

$$Eq(1,1): \quad F_x(a) = F_y(b)$$

式中, $a, b \in S$ 是已知元素, 而 x 和 y 均是未知的。该方程的目标就是找到满足方程的二元组 (x, y)。

问题一　方程 $Eq(1,1)$ 是否难解?

类似地, 如果我们再定义一个新的方程, 记为 $Eq(m,n)$, 如下:

$$Eq(m,n): \quad F_{x_1}(F_{x_2}(\cdots(F_{x_m}(a))\cdots)) = F_{y_1}(F_{y_2}(\cdots(F_{y_n}(b))\cdots))$$

[1] 此处, 术语 "难解" 的含义是: 找到一个非平凡解是困难的, 而不要求找到所有解。这跟一般的数学课本上所讲的方程求解就是要求给出所有解是有所不同的。特此说明。

式中, $a, b \in S$ 是两个已知元素, 而 $x_1, \cdots, x_m$ 和 $y_1, \cdots, y_n$ 均是未知的, 而且就是要求解的目标.

问题二　方程 $Eq(m, n)$ 是否难解?

特别地, 让我们再考虑一个新的方程, 记为 $Eq^2(1)$, 如下:

$$Eq^2(1): \quad F_x(F_x(a)) = b$$

式中, $a, b \in S$ 是两个公开的元素, 而 x 是未知的, 并且正是方程的要求解的目标.

问题三　方程 $Eq^2(1)$ 是否难解?

现在, 我们为上面定义的几个方程再引入 "元" 和 "次" (或 "度") 的概念, 即

(1) 一元一次方程: $Eq(1, 0)$ 和 $Eq(0, 1)$.

(2) 二元一次方程: $Eq(1, 1)$.

(3) $(m + n)$ 元一次方程: $Eq(m, n)$.

(4) 一元二次方程: $Eq^2(1)$.

有了上面这些方程的概念后, 我们接着来分析前面所设计的签名体制的安全性. 显然, 如果一元二次方程 $Eq^2(1)$ 不难求解的话, 则上述签名体制是不安全的, 因为此时存在两种伪造的方法.

伪造方式一: 伪造者随机选择一个 x 和消息 m, 然后通过求解一元二次方程

$$F_y(F_y(a)) = b$$

来计算出一个 y, 这里 $a = F_x(p')$ 且 $b = F_x(F_m(F_m(p')))$ 也是容易计算的. 于是, (x, y) 就是消息 m 的有效签名.

伪造方式二: 攻击者随机选择一个 x 和一个 y, 首先通过

$$F_x(b) = F_y(F_y(F_x(p')))$$

来计算出一个 b, 然后再通过求解一元二次方程

$$F_m(F_m(p')) = b$$

计算出一个消息 m. 显然, (x, y) 也是消息 m 的有效签名.

有了这些分析, 剩下的关键问题就是考察这些方程的难解性. 可以证明, 方程 $Eq(1, 1)$ 和 $Eq(m, n)$ 都不比方程 $Eq(1, 0)$ 更难. 然而, 我们目前回答不出方程 $Eq(1, 0)$ 和方程 $Eq^2(1)$ 的难解性之间的关系. 也就是说, 目前还不清楚方程 $Eq(1, 0)$ 是否比方程 $Eq^2(1)$ 更难, 或是相反. 关于问题一和问题二, 目前还不知道是否有算法解; 除非对于定义在有限集合上的自分配系统, 通过枚举所有元素来寻找适合

的解①。显然, 在 LD 单向性假设之下, 这样的枚举是不可行的。至此, 我们提出一元二次方程的难解性假设如下。

设 $F_{(\cdot)}(\cdot)$ 是一个满足单向性 (在假设 (1),(2) 和 (3′) 意义下) 的定义在集合 S 上的左自分配系统。对任意给定的两个元素 $a,b \in S$, 寻找一个元素 $x \in S$ 使得 $F_x(F_x(a)) = b$ 是困难的。

基于这个新的假设, 我们是否能够证明上述签名体制的安全性呢?

最终, 我们发现上述签名体制仍然是不安全的。我们找到了如下攻击方法: 伪造者先随机选取一个 s' 作为伪私钥, 然后用 s' 对消息 m 进行签名, 设签名为 (x,y)。存在 p'' 使得 $F_{s'}(p'') = p' = F_s(p)$, 有

$$
\begin{aligned}
F_x(F_{s'}(F_x(F_x(p'')))) &= F_x(F_{F_{s'}(x)}(F_{s'}(F_x(p'')))) \\
&= F_x(F_m(F_{s'}(F_x(p'')))) \\
&= F_x(F_m(F_{F_{s'}(x)}(F_{s'}(p'')))) \\
&= F_x(F_m(F_m(F_{s'}(p'')))) \\
&= F_x(F_m(F_m(p')))
\end{aligned}
$$

和

$$
\begin{aligned}
F_x(F_{s'}(F_x(F_x(p'')))) &= F_{F_x(s')}(F_x(F_x(F_x(p'')))) \\
&= F_t(F_x(F_x(F_x(p'')))), \ (t = F_x(s')) \\
&= F_{F_t(x)}(F_t(F_x(F_x(p'')))) \\
&= F_y(F_t(F_x(F_x(p'')))), \ (y = F_t(x)) \\
&= F_y(F_y(F_t(F_x(p'')))) \\
&= F_y(F_y(F_{F_x(s')}(F_x(p'')))) \\
&= F_y(F_y(F_x(F_{s'}(p'')))) \\
&= F_y(F_y(F_x(p')))
\end{aligned}
$$

显然, 签名验证方程是可以通过的。也就是说, 签名者的私钥很容易被替换, 签名者的私钥没有被牢固地绑定在签名中。

究其原因, 我们发现: 攻击者之所以攻击成功, 是因为存在 s' 和 p'' 使得

$$
F_{s'}(p'') = p' = F_s(p)
$$

成立。我们知道, 合法用户的密钥生成次序是 "先私钥, 后公钥", 这是正确的; 但

---

① 根据与 Dehornoy 的个人通信。

是, 在这个攻击中, 伪造者的密钥生成次序是 "先公钥, 后私钥"[①]。一个安全的签名体制是应该从技术上防止伪造者这种 "倒行逆施" 的, 而上面设计的体制没有做到这一点, 因此是不安全的。更进一步, 我们注意到此签名体制的验证方程中仅仅包含了公钥的一部分 (即 p'), 而公钥的另外一部分 (即 p) 并没有出现在验证方程中。这恰好是上述攻击方法有效的直接原因。如果我们把 p 作为系统参数固定下来, 那么每个合法用户的公钥就只有一个元素 p'。于是, 此签名体制的验证方程中就只包含了签名者的公钥信息, 而不包含系统公开参数。

如果我们让签名者同时用私钥 s 和私钥的逆 s^{-1} 按照上述签名算法对一个消息 m 进行签名, 得到一个四元组形式的签名 $(x, y; x', y')$。同时, 考虑 LD 系统的具体化。如果我们用辫群上共轭运算来定义 LD 系统, 即 $F_a(b) = a^{-1}ba$, 并且考虑辫群上的根问题 (root problem, RP) 也是难解的, 我们就可以对上述签名体制进行如下补救。

设 p 是系统参数, 用户的私钥是 s, 公钥是三元组 (p', p'', q), 其中, $p' = F_s(p)$, $p'' = F_{s^{-1}}(p)$ 并且 $q = s^2$。

签名算法: 给定消息 m, 输出签名 $(x, y; x', y')$, 其中

$$F_s(x) = m, y = F_{F_x(s)}(x) \tag{5.10}$$

且

$$F_{s^{-1}}(x') = m, y' = F_{F_{x'}(s^{-1})}(x') \tag{5.11}$$

验证算法: 签名 $(x, y; x', y')$ 是消息 m 的合法签名, 当且仅当下列三个等式同时成立:

$$x' = F_q(x) \tag{5.12}$$

$$F_x(F_m(F_m(p'))) = F_y(F_y(F_x(p'))) \tag{5.13}$$

$$F_{x'}(F_m(F_m(p''))) = F_{y'}(F_{y'}(F_{x'}(p''))) \tag{5.14}$$

正确性分析: 当 LD 系统由共轭操作直接定义时, 等式

$$F_a(F_b(c)) = F_{ba}(c) \quad 且 \quad F_1(c) = c$$

成立。因此

$$F_q(x) = F_s(F_s(x)) = F_s(m) = F_s(F_{s^{-1}}(x')) = F_1(x') = x'$$

另外两个验证方程分别是前面的验证方程 (5.9) 的翻版。

[①]在基于身份的体制中, "先公钥, 后私钥" 是正确的流程。但是, 这和此处攻击者的 "先公钥, 后私钥" 流程的含义和目的均是完全不同的。

这样补救后, 如果伪造者按照前面的方法进行伪造, 他虽然可以签出 $(x, y; x', y')$ 满足验证方程 (5.13) 和方程 (5.14), 但是无法通过验证方程 (5.12)。

然而, 这个补救措施也存在不足。

(1) 这个补救措施是针对一个具体的 LD 系统的, 即用辫群上的共轭操作定义的 LD 系统, 而不是针对抽象的 LD 系统的。这样一来, 其可推广性就受到限制了。

(2) 这个补救措施多引入了一个安全性假设, 即根问题困难假设, 而不仅仅是基于 LD 系统的单向性来实现的。

(3) 系统参数 p 仍然没有出现在验证方程中, 该体制可能还存在类似的安全漏洞, 尽管我们目前还没有找到相应的攻击。尤其是, 我们还没有给出安全性归约。

(4) 这个补救措施使得签名的生成和验证没有原体制那么紧凑与高效。

因此, 如何找到对上述签名体制的更好的补救措施, 或者寻找基于 LD 系统的签名体制的全新设计, 是我们今后要思考的问题。

5.4　中自分配系统及签名设计

现在, 我们进一步来讨论中自分配系统。

5.4.1　中自分配系统的定义及其单向性假设

类似地, 假定 $F : S \times S \to S$ 是一个良定的函数, 如果重写公式

$$F_r(F_s(p)) = F_{F_r(s)}(F_s(p)), \quad \forall r, s, p \in S \tag{5.15}$$

成立, 则称 $F.(\cdot)$ 是一个中部复制系统 (central duplicative system)[84]。从语义上, 如果我们像在左自分配系统的定义中那样, 把 $F_r(s)$ 看作一个二元运算 $*$ 的话, 式 (5.15) 就等价于

$$r * (s * p) = (r * s) * (s * p) \tag{5.16}$$

于是, 中部复制属性也可以被看作 (中间元素 s 向两边的) 自分配属性。因而, 这种重写系统也可以被称为中自分配 (central self-distributive) 系统, 简记为 CD 系统[84]。

假定 CD 系统 $F : S \times S \to S$ 也满足如 LD 系统所具有的单向性, 并且单向性的可能的语义和定义方式均跟 LD 系统中完全相同。

5.4.2　基于中自分配系统的签名设计

现在, 我们来考虑如何设计基于 CD 系统的数字签名体制。

首先, 重写式 (5.15) 蕴涵

$$F_r(F_s(p)) = F_{F_r(s)}(F_s(p)) = F_{F_{F_r(s)}(s)}(F_s(p)) \tag{5.17}$$

现在, 如果令 $r_0 = r$ 且 $r_i = F_{r_{i-1}}(s)$, 则

$$
\begin{aligned}
F_r(F_s(p)) = F_{F_r(s)}(F_s(p)) &\overset{\text{def}}{=} F_{r_1}(F_s(p)) \\
= F_{F_r(s)}(F_s(p)) &\overset{\text{def}}{=} F_{r_2}(F_s(p)) \\
= F_{F_{F_r(s)}(s)}(F_s(p)) &\overset{\text{def}}{=} F_{r_3}(F_s(p)) \\
= \cdots
\end{aligned}
\tag{5.18}
$$

为了保密 s, 对任何 i, r_i 和 r_{i+1} 不能同时公开。于是, 我们可以定义如下签名体制。

给定中自分配系统 $F.(\cdot)$。设 $s \in_R S$ 是用户的私钥, (p, p') 是其公钥, 其中 $p \in_R S$ 并且 $p' = F_s(p) \in S$。进一步, 假定消息空间 $\mathcal{M} = S$(若不然, 可以假定存在一个哈希函数 H, 它映射消息空间 $\mathcal{M}$ 到 S)。签名算法和验证算法定义如下。

签名算法: 给定消息 m, 其对应的签名为

$$
\sigma = F_{F_m(s)}(s)
\tag{5.19}
$$

验证算法: 签名 σ 是对消息 m 的有效签名, 当且仅当下列等式成立:

$$
F_m(p') = F_\sigma(p') \quad \text{且} \quad \sigma \neq m
\tag{5.20}
$$

这个体制的正确性是显然的。但是, 它不安全。同签名 LD 系统上的第二个签名设计一样, 此签名体制的验证方程仅仅包含公钥的一部分, 而没有包含公钥的全部, 存在同样的"公钥碰撞"攻击。

5.4.3 考察另外一种类型的中自分配系统

让我们考虑另外一种类型的中自分配系统。设 S 是一个非空集合, 如果一个在 S 上良定的二元函数 $F : S \times S \to S$ 满足如下重写公式:

$$
F_r(F_s(p)) = F_{F_s(r)}(F_r(p)), \quad \forall r, s, p \in S
\tag{5.21}
$$

则 $F.(\cdot)$ 也可以被称为一种中自分配系统 (不妨称为 2-型中自分配系统, 简记为 CD2; 而把前面的中自分配系统称为是 1-型的, 简记为 CD1)。如果我们把 $F_r(s)$ 看作二元运算 $r * s$ 时, 重写式 (5.21) 等价于

$$
r * (s * p) = (s * r) * (r * p)
\tag{5.22}
$$

这相当于把 r 分配到了 s 和 p 的中间。

同样, 我们假设 CD2 系统 $F : S \times S \to S$ 也满足如 LD 系统所具有的单向性, 并且单向性的可能的语义和定义方式均跟 LD 系统中完全相同。那么, 很容易得到如下定义在 CD2 系统上的签名体制。

给定 CD2 系统 $F.(\cdot)$。设 $s \in_R S$ 是用户的私钥，(p, p') 是其公钥，其中 $p \in_R S$ 并且 $p' = F_s(p) \in S$。消息空间是 $\mathcal{M}$，并且 $H : \mathcal{M} \to S$ 是一个公开的密码学哈希函数。签名算法和验证算法可定义如下。

签名算法：给定消息 $m \in \mathcal{M}$，其签名就是

$$\sigma = F_s(H(m)) \tag{5.23}$$

验证算法：签名 σ 是对消息 m 的有效签名，当且仅当下列等式成立：

$$F_r(p') = F_\sigma(F_r(p)) \tag{5.24}$$

式中，$r = H(m)$。

从形式上，这个签名体制比前面的几个都更加精致。而且，它的验证方程中同时包含了公钥的两个部分。因此，这个体制可以抵抗前面描述的那种"公钥碰撞"攻击，尽管目前我们还没有给出可证明的安全性归约。

5.4.4　关于中自分配系统的一个注记

关于前面介绍的两种中自分配系统，我们需要说明的是：它们都出现在 Dehornoy 的文章[84] 中。可是，我们发现 Dehornoy 的文章中对中自分配系统的描述存在一处不一致：Dehornoy 首先使用二元运算符 * 给出的中自分配系统的定义式为

$$r * (s * p) = (r * s) * (s * p) \tag{5.25}$$

然后，他使用二元函数 $F_{(\cdot)}(\cdot)$ 的形式给出了上述中自分配系统的一个翻译如下：

$$F_r(F_s(p)) = F_{F_s(r)}(F_r(p)) \tag{5.26}$$

然而，我们发现，翻译式 (5.26) 和定义式 (5.25) 并不一致。实际上，定义式 (5.25) 对应的翻译式应该为

$$F_r(F_s(p)) = F_{F_r(s)}(F_s(p)) \tag{5.27}$$

而与翻译式 (5.26) 相一致的定义式应该为

$$r * (s * p) = (s * r) * (r * p) \tag{5.28}$$

当我们把这个问题告诉 Dehornoy 的时候，他回答说：对中自分配律 (CD law) 的定义应该是定义式 (5.25)，然而，文献 [84] 在翻译成函数形式时出错了。也就是说，Dehornoy 所想的中自分配系统特指 1-型的。

5.5 右自分配系统及签名设计

前面对于左自分配系统和中自分配系统的研究, 促使我们去考察右自分配系统。

5.5.1 右自分配系统的定义及单向性假设

通过类比左自分配律

$$\text{LD law}: \qquad r * (s * p) = (r * s) * (r * p)$$

和两种中自分配律

$$\text{CD1 law}: \qquad r * (s * p) = (r * s) * (s * p)$$

及

$$\text{CD2 law}: \qquad r * (s * p) = (s * r) * (r * p)$$

我们不难直接写出如下右自分配律公式:

$$\text{RD law}: \qquad (r * s) * p = (r * p) * (s * p) \tag{5.29}$$

即把右边乘的 p 分别分配到 r 和 s 的右边。

类似地, 设 $F: S \times S \to S$ 是定义在非空集合 S 上的二元函数。如果我们定义 S 上的二元运算 $r * s$ 为 $F_r(s)$, 并且假定该运算满足右自分配律, 则右自分配律公式 (5.29) 就可以翻译成如下重写公式:

$$F_{F_r(s)}(p) = F_{F_r(p)}(F_s(p)), \quad \forall r, s, p \in S \tag{5.30}$$

现在, 这样的函数 $F(\cdot)$ 就可以被称为右自分配 (right self-distributive, RD) 系统, 简记为 RD 系统。

我们仍然假定 RD 系统 $F: S \times S \to S$ 也满足如 LD 系统所具有的单向性, 并且单向性的可能的语义和定义方式均跟 LD 系统中完全相同。

5.5.2 基于右自分配系统的签名设计

如果我们交换右自分配系统定义式 (5.30) 中的 r 和 s, 则可以得到一个新的等式

$$F_{F_s(r)}(p) = F_{F_s(p)}(F_r(p)), \quad r, s, p \in S \tag{5.31}$$

这就立即得到了一个签名体制。设 $s \in_R S$ 是用户私钥, 其公钥是 $(p \in_R S,\ p' = F_s(p))$。给定一个消息 $m \in \mathcal{M}$, 对应的签名就是 $\sigma = F_s(H(m))$, 而验证方程就是

$$F_\sigma(p) = F_{p'}(F_{H(m)}(p)) \tag{5.32}$$

式中, $H : \mathcal{M} \to S$ 是一个公开的密码学哈希函数。

同样, 这个签名体制从形式上看十分精致, 其验证方程中也同时包含了公钥的两个部分, 也可以抵抗所谓的 "公钥碰撞" 攻击。

5.6　其他自分配系统

我们已经看到, 自分配系统确实有其变化多端的形式和特性。还有哪些自分配系统可能具有密码学应用价值呢? 如果我们假定二元运算的自分配律只能采取如下两种可能的模式 (possible patterns):

$$x(yz) = (\square\square)(\square\square) \quad \text{或} \quad (xy)z = (\square\square)(\square\square) \tag{5.33}$$

则可以通过自分配律来定义的重写系统有 $2 \cdot \dbinom{4}{3} \cdot 3! \cdot 3 = 144$ 种。然而, 我们目前认为, 最有可能被用来设计密码体制的自分配系统是表 5.1 所示的 16 种。

表 5.1　可能具有密码学应用价值的自分配系统

$x(yz) = (\square\square)(\square\square)$			$(xy)z = (\square\square)(\square\square)$		
$(xy)(xz)$	LD1[a]	$\checkmark$[b]	$(zx)(zy)$	LD3	
$(xz)(xy)$	LD2		$(zy)(zx)$	LD4	
$(xy)(yz)$	CD1	$\checkmark$	$(xy)(yz)$	CD3	$\checkmark$
$(yx)(xz)$	CD2	$\checkmark$	$(xz)(zy)$	CD4	$\checkmark$
$(yx)(zx)$	RD3		$(xz)(yz)$	RD1	$\checkmark$
$(zx)(yx)$	RD4		$(yz)(xz)$	RD2	
$(xy)(zx)$	BD1		$(zx)(yz)$	BD3	
$(xz)(yx)$	BD2		$(zy)(xz)$	BD4	

注: a 前缀 "LD"、"CD"、"RD" 和 "BD" 分别表示左自分配、中自分配、右自分配和双边自分配 (bilateral self-distributive); b 打勾 ("$\checkmark$") 表示我们对此种自分配系统做过或多或少的研究。

其中, LD1 和 RD1 分别就是前面讨论过的 LD 系统和 RD 系统。对于表 5.1 中的各种中自分配系统, 我们都分别进行了一些研究。除了前面的介绍过的 CD1 系统和 CD2 系统, 我们关于 CD3 和 CD4 系统的研究结果如下。

CD3: 尽管我们做过不少尝试, 但是都没有发现基于 CD3 的有意思的密码方案。

CD4: 在这种中自分配系统上, 我们发现了两种形式十分简洁的签名体制。在给出这两个体制的描述之前, 让我们先根据 CD4 系统在自分配律公式给出用函数 $F : S \times S \to S$ 表示的等价的重写公式 (单向性假设同上)

$$F_{F_x(y)}(z) = F_{F_x(z)}(F_z(y)), \quad \forall x, y, z \in S \tag{5.34}$$

假设私钥 s、公钥 (p, p')、消息 m 以及哈希函数 H 的含义都跟 CD1 系统中的相同, 则我们可以基于 CD4 系统描述如下两个签名方案。

体制一: 签名为 $\sigma = F_s(H(m))$; 验证方程为 $F_\sigma(p) \stackrel{?}{=} F_{p'}(F_p(r))$。

体制二: 签名为 $\sigma = F_s(H(m))$; 验证方程为 $F_{p'}(r) \stackrel{?}{=} F_\sigma(F_r(p))$。

这两个体制的签名算法虽然相同, 但是验证方程不同。它们的形式都比较精练, 验证方程中同时包含了公钥的两个部分, 故可以抵抗所谓的"公钥碰撞"攻击。

5.7 基于自分配系统的其他密码方案的设计

自分配系统不仅可以用来设计签名体制, 它同样也可以用来设计其他密码方案。

5.7.1 基于中自分配系统 CD1 的哈希函数设计

CD1 系统上的签名验证公式 (5.20) 启发我们考虑用自分配系统来设计哈希函数。需要强调的是: 此处, 哈希函数的含义是指定义在自分配系统自身的定义域 S 上的哈希函数, 目的在于利用自分配系统的特性来设计我们需要的哈希函数, 而不在于映射消息空间 M 到 S; 所以, 本小节讨论的哈希函数 $H : S \to S$ 跟前面在签名设计中所使用的哈希函数 $H : M \to S$ 是完全不同的概念。

根据自分配系统的单向性假设 (1), 我们知道当 r 保密时, $F_r(\cdot)$ 是单向的。但是, 不能直接定义哈希函数 $H(\cdot)$ 为 $F_r(\cdot)$, 因为当 r 未知时, 函数 $F_r(\cdot)$ 不是良定的一元函数。就是说用这个作为哈希定义时是无法公开计算的。

实际上, 自分配系统蕴含了一种最直接的哈希函数的定义方式:

$$\text{HASH}_0 : \qquad H(\cdot) \stackrel{\text{def}}{=} F_{\cdot}(p) \tag{5.35}$$

式中, p 是一个固定的公开元素。根据自分配系统单向性的基本假设, 上述哈希函数 HASH_0 是抗碰撞的。

如果把 HASH_0 中的 p 用 $p' = F_s(p)$ 代替, 则可得到具有变色龙 (chameleon) 性质的哈希函数:

$$\text{HASH}_1 : \qquad H(\cdot) \stackrel{\text{def}}{=} F_{\cdot}(p') \tag{5.36}$$

式中, $p' = F_s(p)$ 是一个固定的公开元素。当 s 保密时, 哈希函数 HASH_1 是抗碰撞的, 即使元素 p 被公开也是如此。但是, 根据 CD1 系统的中自分配律公式 (5.15), HASH_1 具有部分变色龙 (partial chameleon) 属性。也就是说, 当一个人知道私钥 s 时, 他/她很容易找到碰撞。其实, 拥有 s 时, 我们可以随机选取一个元素 x_0, 并且令 $x_i = F_{x_{i-1}}(s)(i = 1, 2, \cdots)$。很容易证明

$$H(x_0) = H(x_1) = \cdots = H(x_n) = \cdots \tag{5.37}$$

即无数个碰撞随手可得。这里, 限定词"部分"的含义是说: 虽然我们可以找到碰撞, 但是对于给定的哈希值, 我们很难找到其第一或第二原象, 即使知道了私钥 s 也不行。例如, 设 $h = H_r(p')$, 仅仅知道 h 和 s, 还是很难抽取出 r 或者发现一个碰撞的。

5.7.2　基于右自分配系统 RD1 的认证方案

下面的这个认证方案是定义在右自分配系统 RD1 上的。假定 $F_\cdot(\cdot)$ 是定义在非空集合 S 上的一个 1- 型右自分配系统 (即 RD1 系统)。设 $s \in_R S$ 是 Alice 的私钥, (p, p') 是她的公钥, 其中 $p \in_R S$ 并且 $p' = F_s(p) \in S$。现在, 假设 Alice 想向 Bob 证明自己的身份。那么, 他们运行如下协议。

首先, Alice 随机选择 $r \in S$, 计算 $x = F_r(p)$, 并且发送承诺 x 给 Bob。

其次, Bob 收到承诺 x 之后, 随机选择挑战 $c \in S$, 并且把它发送给 Alice。

再次, Alice 收到挑战 c 之后, 计算响应 $y = F_s(c)$ 和 $z = F_r(y)$, 并且把它们发送给 Bob。

最后, Bob 检验下列两个方程是否同时成立:

$$F_y(p) = F_{p'}(F_c(p)) \tag{5.38}$$

并且

$$F_z(p) = F_x(F_y(p)) \tag{5.39}$$

如果是, 则接受 Alice; 否则, 拒绝 Alice。

5.8　自分配系统的实现问题

在文献 [84] 中, Dehornoy 给出了左自分配系统 LD1 的几种实现, 这说明自分配系统概念的提出是合理的抽象, 而绝非凭空捏造。以密码体制的构造作为背景, 我们侧重关注那些满足单向性假设的自分配系统。因此, 尽管 Dehornoy 在文献 [84] 中也给出了中自分配系统 CD1 的实现, 但是该系统不满足单向性假设, 所以我们在本章中对此不作介绍。关于右自分配系统, 目前还没有人给出任何实现方案。

5.8.1 一个平凡的左自分配系统

首先, 如果定义在一个非空集合 S 上的二元运算 $*$ 满足:

$$x * y = y$$

或者更一般地

$$x * y = f(y)$$

式中, f 是任意一个定义在 S 到其自身的映射, 则 $(S, *)$ 就构成左自分配系统 LD1。当然了, 这是一个平凡的实现, 没有什么密码学价值, 因为 x 跟结果毫无关联, 没有什么秘密可以隐藏其中。

在文献 [84] 中, Dehornoy 给出上述平凡的实现之后, 还给出了下列两种非平凡的左自分配系统 LD1 的实现。

5.8.2 基于共轭搜索问题的左自分配系统

共轭运算也许是最经典的左自分配运算了。如果定义

$$x * y \stackrel{\text{def}}{=} xyx^{-1}$$

则

$$
\begin{aligned}
x * (y * z) &= x(yzy^{-1})x^{-1} \\
&= xyzy^{-1}x^{-1} \\
&= xyx^{-1}xzx^{-1}xy^{-1}x^{-1} \\
&= (x * y)(x * z)(x * y)^{-1} \\
&= (x * y) * (x * z)
\end{aligned}
$$

即左自分配律 (5.2) 成立。而且, 当此共轭运算定义在一个非交换群 G 上, 并且 G 上的共轭搜索问题 (CSP) 难解时, 如此定义的左自分配系统的单向性也成立。

基于前面几章的讨论, 我们就可基于辫群 B_n 来实现具有密码学价值的左自分配系统 LD1。而且, 即使将来人们证明, 辫群上的 CSP 问题不是困难的, 我们也可以基于别的 CSP 困难的非交换群来实现 LD 系统。根据 Miller[131] 的报告, 确实存在许多非交换群, 其上的共轭搜索问题已经被证明是递归不可解的 (见附录 B)。

5.8.3 基于移位共轭搜索问题的左自分配系统

在文献 [84] 中, Dehornoy 还利用移位共轭运算定义了一种左自分配系统。对任意 $n(n \geqslant 2)$, 集合 $\{\sigma_1, \cdots, \sigma_{n-1}\}$ 上的恒等映射诱导了一个从 B_n 到 B_{n+1} 的嵌入; 依次类推, 有

$$B_2 \subset B_3 \subset \cdots B_n \subset B_{n+1} \subset \cdots$$

设此极限为 B_∞, 即由无限多个生成子 $\sigma_1, \sigma_2, \cdots$ 按照辫子关系

$$\begin{cases} \sigma_i\sigma_j = \sigma_j\sigma_i, |i-j| > 1 \\ \sigma_i\sigma_j\sigma_i = \sigma_j\sigma_i\sigma_j, |i-j| = 1 \end{cases}$$

生成的群。

如果在集合 $\{\sigma_1, \sigma_2, \cdots\}$ 上定义一个一元移位操作 d, 使得 $\mathrm{d}\sigma_i = \sigma_{i+1}$, 则可以证明, d 是 B_∞ 上的自同态, 而且是单的。

现在, 移位共轭操作 * 定义如下:

$$x * y \overset{\text{def}}{=} x\cdot\mathrm{d}y\cdot\sigma_1\cdot\mathrm{d}x^{-1} \tag{5.40}$$

式中, "·"仍然是原辫群中的乘法。下面的验算表明, 移位共轭操作 * 诱导了一个左自分配系统 (注意到 $\sigma_1\sigma_2\sigma_1 = \sigma_2\sigma_1\sigma_2$, 且对任意 x 有 $\mathrm{d}x\cdot\mathrm{d}x^{-1} = 1$, $\sigma_1\cdot\mathrm{d}^2x = \mathrm{d}^2x\cdot\sigma_1$ 成立)。

因为

$$\begin{aligned} x * (y * z) &= x\cdot\mathrm{d}(y * z)\cdot\sigma_1\cdot\mathrm{d}x^{-1} \\ &= x\cdot\mathrm{d}(y\cdot\mathrm{d}z\cdot\sigma_1\cdot\mathrm{d}y^{-1})\cdot\sigma_1\cdot\mathrm{d}x^{-1} \\ &= x\cdot\mathrm{d}y\cdot\mathrm{d}^2z\cdot\sigma_2\cdot\mathrm{d}^2y^{-1}\cdot\sigma_1\cdot\mathrm{d}x^{-1} \end{aligned}$$

$$\begin{aligned} (x * y) * (x * z) &= (x * y)\cdot\mathrm{d}(x * z)\cdot\sigma_1\cdot\mathrm{d}(x * y)^{-1} \\ &= (x\cdot\mathrm{d}y\cdot\sigma_1\cdot\mathrm{d}x^{-1})\cdot\mathrm{d}(x\cdot\mathrm{d}z\cdot\sigma_1\cdot\mathrm{d}x^{-1})\cdot\sigma_1\cdot\mathrm{d}(x\cdot\mathrm{d}y\cdot\sigma_1\cdot\mathrm{d}x^{-1})^{-1} \\ &= x\cdot\mathrm{d}y\cdot\sigma_1\cdot\mathrm{d}x^{-1}\cdot\mathrm{d}x\cdot\mathrm{d}^2z\cdot\sigma_2\cdot\mathrm{d}^2x^{-1}\cdot\sigma_1\cdot(\mathrm{d}x\cdot\mathrm{d}^2y\cdot\sigma_2\cdot\mathrm{d}^2x^{-1})^{-1} \\ &= x\cdot\mathrm{d}y\cdot\sigma_1\cdot\mathrm{d}x^{-1}\cdot\mathrm{d}x\cdot\mathrm{d}^2z\cdot\sigma_2\cdot\mathrm{d}^2x^{-1}\cdot\sigma_1\cdot\mathrm{d}^2x\cdot\sigma_2^{-1}\cdot\mathrm{d}^2y^{-1}\cdot\mathrm{d}x^{-1} \\ &= x\cdot\mathrm{d}y\cdot\sigma_1\cdot\mathrm{d}^2z\cdot\sigma_2\cdot\mathrm{d}^2x^{-1}\cdot\sigma_1\cdot\mathrm{d}^2x\cdot\sigma_2^{-1}\cdot\mathrm{d}^2y^{-1}\cdot\mathrm{d}x^{-1} \\ &= x\cdot\mathrm{d}y\cdot\sigma_1\cdot\mathrm{d}^2z\cdot\sigma_2\cdot\sigma_1\cdot\sigma_2^{-1}\cdot\mathrm{d}^2y^{-1}\cdot\mathrm{d}x^{-1} \\ &= x\cdot\mathrm{d}y\cdot\mathrm{d}^2z\cdot\sigma_1\cdot\sigma_2\cdot\sigma_1\cdot\sigma_2^{-1}\cdot\mathrm{d}^2y^{-1}\cdot\mathrm{d}x^{-1} \\ &= x\cdot\mathrm{d}y\cdot\mathrm{d}^2z\cdot\sigma_2\cdot\sigma_1\cdot\sigma_2\cdot\sigma_2^{-1}\cdot\mathrm{d}^2y^{-1}\cdot\mathrm{d}x^{-1} \\ &= x\cdot\mathrm{d}y\cdot\mathrm{d}^2z\cdot\sigma_2\cdot\mathrm{d}^2y^{-1}\cdot\sigma_1\cdot\mathrm{d}x^{-1} \end{aligned}$$

所以

$$x * (y * z) = (x * y) * (x * z)$$

现在, 我们来考察这个新的 LD 系统的单向性。给定 y 和 $x * y$, 求解 x 的问题被称为移位共轭搜索问题 (shifted conjugator search problem, SCSP)。我们在第 3 章中讨论了一些求解 CSP 问题的算法, 但是迄今为止, 还没有人提出任何求解 SCSP 的算法; 而且文献 [84] 也指出, 前面所讨论的求解辫群上 CSP 问题的方法, 例如, FM 方法、USS 方法等, 都不能用来求解辫群上的 SCSP 问题。甚至, 对于

辫群上的判断型 SCSP 问题①是否可解，目前也是未知的。因此，我们认为：基于 SCSP 困难性假设的 LD 系统的单向性是成立的，而且其单向性不比基于 CSP 困难性假设的 LD 系统的单向性弱。

　　上述移位共轭操作只是定义的辫群 B_∞ 上的，未必适合一般的非交换群。其实，给定任何一个群 G 和其上的一个自同态 f 以及某个固定的元素 $a \in G$，我们都可以定义如下广义移位共轭 (generalized shift conjugate) 操作：

$$x * y \overset{\text{def}}{=} x\, f(y)\, a\, f(x)^{-1} \tag{5.41}$$

　　Dehornoy 证明了：上述操作构成一个左自分配系统，当且仅当存在 n 使得 G 的子群 $\langle f^n(a) \rangle$ 是辫群 B_∞ 的某个同态像[118]。

---

① 所谓辫群上的判断型 SCSP 问题是指：对于任意给定的两个辫子 p 和 p'，问是否存在一个辫子 s 使得 $p' = s * p$ 成立。

第6章 非交换密码展望

辫群密码是最有影响的建立在非交换代数系统上的密码系统之一。无论其成败与否,都开辟了在非交换代数系统上构建公钥密码系统的思路,从而使得更多的数学家可以加入到密码设计的行列中来,密码不再仅仅是数论专家的专利。特别是,它启发人们去考察其他非交换群上的密码系统[78, 83, 161, 162],甚至在非交换半群上探讨构造密码方案的可能性和条件[163]。

到底什么样的非交换群 (或半群) 适合作为构造密码方案的平台呢? 目前还没有定论,但是 Shpilrain 和 Ushakov[162] 中给出了一些启发式的选择群 G 的条件,如下所示。

(1) G 应该是一个指数增长的非交换群。这里指数增长的含义指群 G 的元素个数应该随群元素的表示长度 n 呈指数增长。这是抵抗穷尽搜索攻击的必要条件。

(2) 群 G 中的元素的 (规范的) 表示形式应该能够有效计算。

(3) 基于 (规范) 表示的群元素之间的运算 (例如,相乘和求逆) 应该能够容易实施。

(4) 容易产生这样的一些对 $(a, \{a_1, \cdots, a_k\})$ 使得 $aa_i = a_ia(i = 1, \cdots, k)$。

(5) 给定一个集合 $\{g_1, \cdots, g_k\} \subset G$,下列集合是计算困难的:

$$C(g_1, \cdots, g_k) = C(g_1) \cap \cdots \cap C(g_k)$$

(6) 即使 $H = C(g_1, \cdots, g_k)$ 计算出来了,也很难找到 $x \in H$ 和 $y \in H_1(H_1$ 是另外一个事先给定的集合),使得 $xwy = w'$ 成立 (这里 w, w' 也是事先给定的)。

然而,根据这些条件进行判断,结果发现辫群除了条件 (4) 都满足。对于第 4 个条件,尽管 a 的整个中心化子不易生成。但是生成 a 的中心化子的一个很大的子集还是比较容易的。从这个意义上说,辫群也基本满足条件 (4)。

2003 年,Shpilrain[164] 对一些基于非交换群的密码系统的安全性做了一个简单评估,然后也提出了选择作为工作平台的非交换群的几个条件。然而,除了辫群,该文献也没有给出其他更好的选择。

2004 年,Erick 和 Kahrobaei[165] 研究了多循环群 (polycyclic groups) 上的公钥密码系统,其安全性基础也是字问题容易而共轭问题困难。2005 年,Shpilrain 和 Ushakov[83] 研究了汤普森群 (Thompson groups) 上的公钥密码系统,其核心难题是分解问题 (decomposition problem, DP)。2005 年,Maze 等[163] 研究了基于半群上的群作用的公钥密码系统, 可以看作对传统的基于整数分解和离散对数以及上述非交换群的密码系统的一个抽象。

2007 年, Cao 等[86] 提出了基于非交换环上的公钥密码系统, 其构造方法也已经被推广到了一般的非交换群和非交换半群。该构造方法基于新定义的多项式及其赋值等概念, 跟以往基于非交换代数系统的密码方案的构造方法有很大的不同, 可以适合很多非交换代数系统。

总之, 基于非交换群的密码系统的研究目前还处在初级阶段, 还有很多工作值得去做。辫群只是非交换群的一个典型代表, 即使将来有别的非交换群更加适合作为实现公钥密码系统的平台而取代了辫群在密码学中的地位, 辫群密码的许多设计思想仍然有生命力, 它们会继续指导我们在其他非交换代数系统上构造合适的密码系统。

辫群以其非常直观的几何特性不断吸引着新手加入到辫群密码研究的行列。当我们逐渐感觉到隐藏在直观几何表象之后的复杂的辫群密码课题时, 可能会有 "泥足深陷" 之感。尤其是辫群密码分析文章的不断发表, 似乎一直在强化一种观点: 基于辫群的密码系统是不安全的。此时, 是换个题目, 还是再坚持一步? 当我们苦思不得其解的时候, 不妨问自己另外一个问题: 我们研究的目的是什么? 是要弄清楚一个问题, 还是要设计一个安全的密码方案? 本书作者选择了前者, 于是有了本书的完成。

设计一个安全的密码系统绝非易事。很有可能, 我们现在完成的工作将会在某一天被证明是不安全的。如果是这样, 也许密码学家 Stern[166] 下面的话能让我们获得或多或少的宽慰: "从古典密码学到现代密码学, 人类走过了大约二十五个世纪; 从现代密码学到公钥密码学, 人类又摸索了大约二十五年; 人们也花了二十五年甚至更多的时间才弄清楚如何正确地实施第一个公钥密码体制 ——RSA。因此, 我们不要指望在二十五分钟、二十五小时、甚至二十五天设计一个安全的密码系统。"

附录 A　计算复杂性理论与随机预言机模型简介

公钥密码的产生是以存在一些数学困难问题为前提的。然而对"困难"和"容易"的衡量就必须有一个统一的理论。计算复杂性理论正是可以作为这一个衡量工具的理论。另外，在可证明安全研究领域中，随机预言模型的概念十分重要。因此，在附录 A 中，我们对这两个方面的内容做以下简单的介绍。

A.1　计算复杂性理论简介

A.1.1　背景和基本定义

解决某一类问题的计算方法又称算法。算法是个古老的数学概念。16 世纪，Descartes 创造的解析几何就是用代数来解决几何问题的一种典型的算法。但数学中有一些问题长期找不到解决的算法。人们怀疑根本不存在这种算法。为了证明这一点，必须对算法给出精确的定义。20 世纪 30 年代，Godel 提出了算法的一种精确定义，Kleene 据此定义了递归函数。与此同时，Turing 给出了一种描述算法的理论计算机模型 —— 图灵机，并且证明图灵机可计算的函数与递归函数等价。图灵机使人们普遍接受了关于算法的 Church 论题：递归函数是可计算函数的精确的数学描述。

递归函数是用数理逻辑的方法定义在自然数集上的可计算函数。如果自然数的一个 n 元集的特征函数是递归函数，就称这个集合为递归集，一个递归函数的值域，称为递归可枚举集。递归集就是算法可判定的集合。递归集都是递归可枚举的，但是存在不是递归集的递归可枚举的集合。

递归论的研究使人们把一些长期未解决的问题化为非递归的递归可枚举集，从而严格证明了不存在判定这些问题的算法，这些问题称为不可判定的。

递归论进一步研究不可判定的递归可枚举集之间的复杂程度问题。1944 年，Post 提出不可解度的概念，并给出了相对可计算性的构造方法。这就使人们开始对不可解度进行比较，并研究不可解度的代数结构。

对可计算的递归集，也可以研究其计算的复杂性，考虑图灵机上计算的时间、空间，就得到计算时间的长短和计算所占空间的多少这两个复杂性。计算复杂性的研究对计算机科学的发展有很大影响和作用。

对一个算法来说，它总是从一个可变的输入开始，最后输出一个结果后结束。

而对一个给定的计算问题, 耗时最少的算法我们通常把它称为最有效的算法。求解一个问题的最有效的算法, 一般总是和问题实例的规模相关的。

定义 A.1(规模 (size)) 输入的规模是指在某种编码格式编码后所得的二进数的总比特个数。

显然, 正整数 n 的二进制表示有 $1 + \lfloor \log_2 n \rfloor$ 个比特, 故我们可以将 n 的规模理解为 $\log_2 n$。对一个特定的输入算法执行的基本操作和步骤, 我们称作算法运行的时间。对所有输入, 算法运行时间的上界我们称为最坏的情形运行时间, 同样, 对所有输入, 算法运行时间的平均, 则称为平均情形运行时间。一般我们都是用一个关于输入规模的函数来表示。

定义 A.2(多项式时间算法) 一个多项式时间算法是指最坏情形运行时间为 $\mathcal{O}(n^k)$ 的算法, 这里 n 输入规模, k 为常数。其他的算法我们称为指数时间算法。

粗略地讲, 多项式算法等同于有效或好的算法, 而非多项式算法通常被认为是无效的。

定义 A.3(亚指数时间算法) 一个亚指数时间算法是指最坏情形的运行时间为 $e^{o(n)}$ 的算法, 这里 n 输入规模。

显然, 亚指数时间算法比多项式时间算法要慢得多, 但比指数时间算法要快。由上面的定义, 我们知道大整数分解到现在被人们认为是困难的数学问题, 主要是因为目前还没有多项式时间算法来实现分解。最快的分解算法数域筛法也只是亚指数时间算法

$$L_N[\alpha, c] = \mathcal{O}(\exp(c + o(1))(\log N)^{\alpha}(\log \log N)^{1-\alpha}) \tag{A.1}$$

式中, $\alpha = 1/3$; $c = (64/9)^{1/3}$; N 为要分解的大整数。

A.1.2 复杂性类

计算复杂性理论一般只关注问题的可判别性 (即只关注决策问题[①]), 这是因为所有的计算问题都可以被转化为决策问题。因此, 一个有效的解决决策问题的算法可以转化成一个有效的解决计算问题的算法。反之, 亦然。

定义 A.4(复杂性类 $\mathcal{P}$) 指由那些可以在多项式时间内解决的决策问题所组成的集合 (类)[②]。

定义 A.5(复杂性类 $\mathcal{NP}$) 我们称这样决策问题所组成的集合 (类) 为复杂性类 $\mathcal{NP}$[③], 如果决策问题满足: 当决策问题的答案为 "是" 时, 给定某些特定的信息后, 可以在多项式时间内验证其答案。这些特定的信息我们通常把它称为证据[11, 167]。

---

① 决策问题是指答案仅为对和错的问题, 通俗地讲就是是非问题。
② 复杂性类 $\mathcal{P}$ 也可以看作由确定性自动机在多项式时间内识别的语言类。
③ 复杂性类 $\mathcal{NP}$ 也可以看作由非确定性自动机在多项式时间识别的语言类。

定义 A.6(复杂性类 $co\text{-}\mathcal{NP}$)　我们称这样决策问题所组成的集合 (类) 为复杂性类 $co\text{-}\mathcal{NP}$，如果决策问题满足：当决策问题的答案为"否"时，给定"证据"，可以在多项式时间内验证[11, 167]。

若一个决策问题在 $\mathcal{NP}$ 类中时，要得到一个"是"的"证据"也不一定是容易的；我们只能说明这样的"证据"是存在的，而且在给定"证据"后，我们就可以有效地验证"是"的答案。

显然，如果不用证据就能有效地验证 $\mathcal{NP}$ 类中的任意一个决策问题为"是"的答案，则

$$\mathcal{P} = \mathcal{NP} \tag{A.2}$$

这个结论是否成立，是计算复杂性理论中的一个公开难题。但是大多数人认为 $\mathcal{P} \neq \mathcal{NP}$，这也是公钥密码学存在的必要条件[11]。

定义 A.7(多项式归约)　称一个决策问题 L 可多项式时间内归约到另一个决策问题 L'，如果存在一个解决决策问题 L 算法，以解决决策问题 L' 的算法为子算法，并且其他的步骤可以多项式时间完成，此时，我们记作 $L \leqslant_P L'$。

如果 $L \leqslant_P L'$，那么当 L' 容易求解时，L 也易于求解；因而，此时我们说决策问题 L 不比决策问题 L' 更难。多项式归约是一个偏序关系。当 $L \leqslant_P L'$ 且 $L' \leqslant_P L$ 时，我们就说这两个问题多项式等价 (或者称计算等价)，记为 $L \equiv_P L'$。通俗地讲，两个问题计算等价的含义就是：求解它们的难易程度相同，相差的计算时间以问题规模的多项式为界。

定义 A.8(复杂性类 $\mathcal{NPC}$)　一个决策问题 L 属于 $\mathcal{NPC}$ (即 $\mathcal{NP}$ 完全的)，如果任意决策问题 $L' \in NP$ 都有 $L' \leqslant_P L$。

定义 A.9(图灵归约)　称一个决策问题 L 可图灵归约到另一个决策问题 L'，如果存在一个解决决策问题 L' 算法，则必然可以导出一个求解决策问题 L 的算法。此时，我们记作 $L \leqslant_T L'$。

图灵归约也是一个偏序关系。如果 $L \leqslant_T L'$ 并且 $L' \leqslant_T L$，则我们称这两个问题图灵等价，记为 $L \equiv_T L'$。

下面我们介绍一下求解决策问题的随机算法和相应的复杂性类①。

定义 A.10　设 A 为解决一个决策问题 L 的随机算法，I 为 L 的任意一个实例。

(1) 称 A 具有 0 边错误，若概率 $\Pr[A$ 输出为"是"$|I$ 的答案为"是"$]=1$；且 $\Pr[A$ 输出为"是"$|I$ 的答案为"否"$]=0$。

(2) 称 A 具有 1 边错误，若概率 $\Pr[A$ 输出为"是"$|I$ 的答案为"是"$]\geqslant 1/2$；且 $\Pr[A$ 输出为"是"$|I$ 的答案为"否"$]=0$。

---

①假定读者熟悉有关概率论的基本知识和符号系统。

(3) 称 A 具有 2 边错误，若概率 $\Pr[A$ 输出为"是"$|I$ 的答案为"是"$] \geqslant 2/3$；且 $\Pr[A$ 输出为"是"$|I$ 的答案为"否"$] \leqslant 1/3$。

定义 A.11(随机复杂性类)　我们按前面的随机算法可以将它们分成以下几类。

(1) 复杂性类 $\mathcal{ZPP}$ 是具有 0 边错误的随机算法能解决的决策问题的集合。

(2) 复杂性类 $\mathcal{RP}$ 是具有 1 边错误的随机算法能解决的决策问题的集合。

(3) 复杂性类 $\mathcal{BPP}$ 是具有 2 边错误的随机算法能解决的决策问题的集合。

所有这些复杂性类的关系可以表示为

$$\mathcal{P} \subseteq \mathcal{ZPP} \subseteq \mathcal{RP} \subseteq \mathcal{BPP} \subseteq \mathcal{NP} \tag{A.3}$$

A.1.3　可忽略与多项式时间不可区分的概念

定义 A.12(可忽略的与不可忽略的)　称函数 f 是可忽略的，如果对于任意正多项式 $p(\cdot)$，存在一个自然数 N，使得对于所有 $n > N$，恒有 $f(n) < \dfrac{1}{p(n)}$ 成立。如果 f 不是可忽略的，则称 f 是不可忽略的。

例如，函数 $2^{-\sqrt{n}}$ 与 $n^{-\log n}$ 都是可忽略的。另外，当与确定的多项式相乘时，这些函数的可忽略的性质不变。也就是说，对每一个可忽略的变换 ϵ 与任意多项式 p，函数 $\epsilon'(n) = p(n) \cdot \epsilon(n)$ 也是可忽略的。因此，一个以可忽略的概率发生的事件几乎不可能发生，即使将这个实验重复进行多项式次。

计算上不可区分的概念最先是由 Yao[168] 和 Goldwasser[37] 等提出的。在密码学研究领域，多项式时间不可区分是一条重要的安全准则。

定义 A.13(多项式时间不可区分)　称两个概率总体 X 和 Y 是多项式时间不可区分的，如果对于任意的概率多项式时间算法 D 和任意的正多项式 $p(\cdot)$，都有足够大的 n，使得

$$|\Pr[D(a, 1^n, X, Y) = 1 | a \in X] - \Pr[D(a, 1^n, X, Y) = 1 | a \in Y]| < \frac{1}{p(n)}$$

成立。其中，1^n 为正整数 n 的一元表示，即连续 n 个比特"1"。换句话说，任何概率多项式时间算法 D，难以区分从两个概率总体 X 和 Y 中随机取出的某个元素 a 到底属于 X 还是属于 Y。

A.2　随机预言机模型简介

在可证明安全方法中，随机预言模型的"化身"往往就是指那些所谓的"理想的"哈希函数。因此，在介绍随机预言模型之前，我们先简单介绍哈希函数相关的一些概念。

A.2.1　哈希函数

在现代密码学中，哈希函数扮演着重要的角色。哈希函数在对消息进行处理时，通常将任意长度的消息生成为固定长度的消息摘要。这样做一方面可以提高密码算法的速度；另一方面也可以破坏用于攻击的代数结构，如同态性质。通过哈希函数来保证数据的完整性，使密码体制 (如数字签名、公钥密码系统) 免受适应性选择消息/密文的攻击[8, 11]。

定义 A.14(哈希函数)　在密码系统中，哈希函数是一个确定的函数，它将任意长度的比特串压缩映射为固定长度的比特串。我们设 $H : \{0,1\}^* \to \{0,1\}^n$ 为一个输出长度为 n 的哈希函数，它将满足以下安全性质。

(1) 散列性：对于任意的输入 x，输出的哈希值 $H(x)$ 应当和区间 $[0, 2^n]$ 中均匀分布的二进制串在计算上是不可区分的。

(2) 抗强碰撞性：找出两个不同的输入 x 和 y，即 $x \neq y$，使得 $H(x) = H(y)$，在计算上是不可行的。

(3) 抗弱碰撞性：给定一个输入 x，找出另外一个不同的输入 y，即 $x \neq y$，使得 $H(x) = H(y)$，在计算上是不可行的。

(4) 单向性：已知一个哈希值 h，找出一个输入串 x，使得 $h = H(x)$，在计算上是不可行的。

(5) 有效性：给定一个输入串 x，哈希值 $H(x)$ 的计算可以在关于 x 的长度规模的低阶多项式 (理想情况是线性的) 时间内完成。

A.2.2　随机预言机模型

受到 Fiat 和 Shamir[22] 的思想的影响，Bellare 和 Rogaway[54] 在 1993 年从哈希函数抽象出了随机预言机模型。作者当时的意图是将哈希函数一些好的性质抽象出来，构成随机预言机。而这样的随机预言机可以用来构建可证安全的密码系统。这个模型的主要思想是假设密码系统的各个角色都要通过此随机预言机来完成相应的操作。当系统设计完毕后，再用实际的哈希函数将此随机预言机替换掉。实际上，随机预言机是这样一个黑盒，当被询问时，返回一个随机的值；如果重复被询问时，返回同一个值。当然，它也具备哈希函数其他一些好的性质。

确切地说，随机预言机其实就是一个函数，必须满足下列性质。

(1) 均匀性：预言机的输出在 Y 上均匀分布。

(2) 确定性：相同的输入，输出值必定是相同。

(3) 有效性：给定一个输入串 x，$H(x)$ 的计算可以在关于 x 的长度规模的低阶多项式 (理想情况是线性的) 时间内完成。

需要注意的是，与哈希函数的性质相比较，随机预言机的均匀性是对哈希函数散列性的抽象，比哈希函数的散列性更加苛刻。正是由于随机预言模型有了均匀性，所以也就自然具有哈希函数的抗碰撞属性和单向性。

最初的时候，人们认为一个在随机预言模型下证明安全的密码系统 (包括协议)，自身结构上是没有任何缺点或漏洞的，攻击者只有通过寻找哈希函数的漏洞才能找到漏洞，进行攻击。然而，1998 年，Canetti 等[169] 发现这个观点不一定正确，因为存在一个在随机预言模型下可证安全的密码系统当用任何一个真正哈希函数实现时，却是完全不安全的。

由于 Canetti 等[169] 的系统纯属人工构造，所以很多人认为一个在随机预言模型下可证安全的密码系统总比没有安全性证明的系统来得更有说服力。而且一些随机预言模型下可证安全的密码系统已经得到广泛接受，甚至已成为标准[170]。

附录 B　群中的判断型问题

1992 年，Miller[131] 在 *Algorithms and Classification in Combinatorial Group Theory* 一书中发表了他的一篇综述文章 *Decision problems for groups—survey and reflections*。在文章中，他系统介绍了群中的四类基本的判断型问题：字问题、共轭问题、广义字问题、同构问题的可解性 (solvability) 结论。作为对本书部分内容的支持，我们在附录 B 中简单介绍 Miller 的部分结果。

B.1　群中基本判断型问题的定义

设群 G 的一个有限①表出为

$$G = \langle x_1, \cdots, x_n | R_1 = 1, \cdots, R_r = 1 \rangle \tag{B.1}$$

群 G 上的字问题 (word problem, WP) 定义为如下判断型问题：

$$\mathrm{WP}(G) = (?w \in G), w =_G 1 \tag{B.2}$$

式中，量词 "?" 的含义是：对于 G 中任意一个字 w，判断是否有 $w =_G 1$ 成立。这里的 "1" 为 G 的单位元 (identity)。一个与字问题紧密相关的问题就是相等性问题 (equality problem，EqP)，这也是一个判断型问题，定义如下：

$$\mathrm{EqP}(G) = (?w_1, w_2 \in G)(w_1 =_G w_2) \tag{B.3}$$

显然，$w_1 =_G w_2$ 当且仅当 $w_1 w_2^{-1} =_G 1$。这就是说，如果有一个求解 WP 问题的算法，则可以导出一个求解 EqP 问题的算法；反之亦然。这就是说，从可解性的角度，这两个问题是等价的。当然，从计算复杂性的角度，这两个问题是否等价还取决于群 G 中字的求逆运算的复杂性。

我们再次使用 "?" 量词，给出 G 中共轭问题 (conjugacy problem，CP) 的定义如下：

$$\mathrm{CP}(G) = (?u, v \in G)(\exists x \in G,\ s.t.\ xux^{-1} =_G v) \tag{B.4}$$

显然，这也是一个判断型问题，其实它就是我们前面提到过的共轭判断问题 (conjugate decisional problem，CDP)。而且，我们知道，群 G 上的 CP 问题不比定义在其上的共轭搜索问题 (conjugator search problem，CSP) 更难。

①此处，"有限" 的含义为表出关系集合 $\{R_1, \cdots, R_r\}$ 是有限的。

如果给定群 G 中的有限的字, 而且这些字可以生成 G 的某个子群 H 的话, 则我们可以考虑字问题在 H 上的推广, 即对任意给定的 G 中的某个字 w, 问其是否还属于 H, 也就是说

$$\text{GWP}(H, G) = (?w \in G)(w \in H) \tag{B.5}$$

更进一步, 如果不是针对某个固定的有限生成的子群 H 问这样的问题, 而是问 G 的任意的有限生成的子群 H: $\text{GWP}(H, G)$ 是否还可解呢? 此时的问题我们记为 $\text{GWP}(G)$。

我们用符号 $\pi = <D, R> = <\{x_1, \cdots, x_n\}, \{R_1, \cdots, R_r\}>$ 表示群表出 (B.1) 中的生成子集合 $\{x_1, \cdots, x_n\}$ 和生成关系集合 $\{R_1, \cdots, R_r\}$ 组成的二元组, 在本质上, 给定这个 π, 就确定了一个表出群 G。我们用一个函数 $gp(\cdot)$ 来表示此含义, 即 $G = gp(\pi)$。现在, 我们定义一个新的判断型问题, 即同构问题 (isomorphism problem, IsoP):

$$\text{IsoP} = (?\pi_1, \pi_2)(gp(\pi_1) \cong gp(\pi_2)) \tag{B.6}$$

式中, π_1, π_2 是两个有限表出二元组, 符号 $\cong$ 表示群之间的同构关系。

B.2 群中判断型问题的可解性

Miller 首先指出上面介绍的每个判断型问题都是递归可枚举的[1], 然后证明了一系列结论[2]。

第一类结论是关于这些判断型问题之间的相互归约关系的 (在图灵归约意义下)。

(1) $\text{EqP}(G) \equiv_T \text{WP}(G) \leqslant_T \text{CP}(G)$。

(2) $\text{WP}(G) \equiv_T \text{GWP}(1, G) \leqslant_T \text{GWP}(G)$。

(3) 字问题、共轭问题和广义字问题均是有限表出群 (或有限生成群[3], 或递归表出群[4]) 的代数不变量。即如果两个群表出 π_1 和 π_2 表出的是一个有限生成子集上的同一个群, 则 $\text{WP}(\pi_1) \equiv_T \text{WP}(\pi_2)$, $\text{CP}(\pi_1) \equiv_T \text{CP}(\pi_2)$ 且 $\text{GWP}(\pi_1) \equiv_T \text{GWP}(\pi_2)$。

第二类结论是关于不可解性的。这类结论由数十个定理和推论组成, 内容极其丰富, 而且涉及许多新的概念。因此, 我们不打算逐个介绍它们, 而是直接给出下面一个总览图 (这个图也来自文献 [131])。图 B.1 中符号和缩写的含义如下。

---

[1]具体含义是: 这些问题的肯定回答的实例构成的集合是递归可枚举集。
[2]关于这些结论的证明请参考文献 [131]。
[3]即生成子是有限个。
[4]即生成子是有限个, 并且表出关系集合 $\{R_1, R_2, \cdots\}$ 是递归可枚举的。

(1) 缩写 "f.g." 和 "f.p." 分别表示有限生成和有限表出。其他术语均指具体的群的类型，请参考文献 [131]。

(2) 问题缩写 (WP、GWP、CP、IsoP) 前面的前缀符号的含义如下。

+ 表示对于此类中的所有群来说，该问题是可解的。

− 表示对于此类中的某些群来说，该问题是不可解的。

? 表示对于此类群来说，该问题的可解性仍然是未知的。

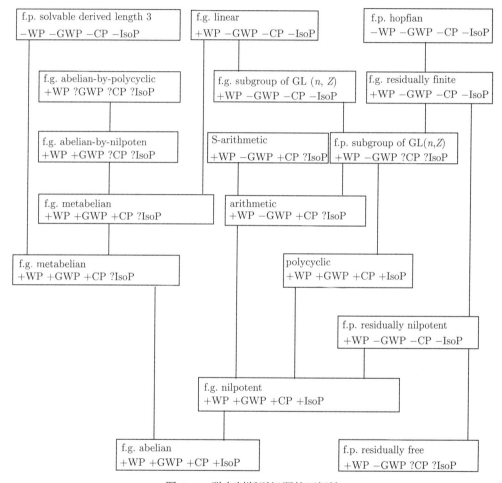

图 B.1　群中判断型问题的可解性

附录 C 生成辫子图像的 Maple 代码

辫群的数学概念比较抽象，使用抽象表示能力强大的数学软件来进行相关算法的原理性验证，不失为一个好办法。下面，我们给出生成辫子图像的 Maple 代码。如果想获得更加高效的辫群密码的实现，则推荐使用 Ko 等实现的 C++ 类——CBraid(参见http://knot.kaist.ac.kr//braidcrypt/)。

```
# 加载 Maple 线性代数及作图工具库
with(linalg):
with(plots):
with(plottools):

# 定义辫子宽度、布局方向和颜色
StrandThickness:=3:
StrandDirection:=1:#0 for VERTICAL and else for HORIZONTAL
StrandsColors:=[red,maroon,blue,black,yellow,magenta,gray,cyan,green,
sienna];

# 定义 Artin 生成子作图函数
drawArtinGenerator:=proc(i,offset,ColorLeft,ColorRight,DisplayOption)
    proc (i, offset, ColorLeft, ColorRight, DisplayOption)
        local E, F, G, O, dx, dy, j, BeforeColor, BackColor;
        if i=0 then j:=1 else j:=i end if;
        if 0<j then
            BeforeColor:=ColorRight; BackColor:=ColorLeft
        else
            BeforeColor:=ColorLeft; BackColor:=ColorRight
        end if;
        O:=NULL;
        if StrandDirection=0 then
            dy:=offset*Pi+1/2*Pi;
            dx:=2*abs(j)−1;
            E:=plot(arcsin(x−dx)* sign(j)−dy, x=−1+dx..1+dx,
```

```
            thickness
        =StrandThickness, color=BeforeColor);
        F:=plot(−arcsin(x−dx)*sign(j)−dy, x=−1+dx..−0.382+
                dx,thickness
        =StrandThickness,color=BackColor);
        G:=plot(−arcsin(x−dx)*sign(j)−dy,x=0.382+dx..1+dx,
                thickness
        =StrandThickness,color=BackColor)
    else
        dx:=offset*Pi+1/2*Pi;
        dy:=2*abs(j)−1;
        E:=plot(−sin(x−dx)*sign(j)+dy, x=−1/2*Pi+dx..1/2*Pi
                +dx, thickness
        =StrandThickness,color=BeforeColor);
        F:=plot(sin(x−dx)*sign(j)+dy,x=−1/2*Pi+dx..
                −0.382*Pi/2+dx,
        thickness=StrandThickness,color=BackColor);
        G:=plot(sin(x−dx)*sign(j)+dy,x=0.382*Pi/2+dx..1/2*Pi
                +dx,thickness
        =StrandThickness,color=BackColor)
    end if;
    O:=E,F,G;
    if DisplayOption=true then
        display({O}, axes=none, scaling=unconstrained)
    else
        return O
    end if
end proc

# 定义辫子字作图函数
drawWord:=proc(w,n,colors,DisplayOption)
    proc (w,n,colors,DisplayOption)
        local i,j,P,O,D,k,C,t;
        k:=0;
        P:=[seq(0,i=1..n)];
```

```
        D:=NULL;
        C:=colors;
        for i to vectdim (w) do
            j:=abs(w[i]);
            if P[j+1]<P[j] then
                O:=Strand (j+1, P[j+1], P[j], C[j+1]); D:=D, O;
                    P[j+1]:=P[j]
            end if;
            if P[j]<P[j+1] then
                O:=Strand (j, P[j], P[j+1], C[j]); D:= D,O;
                    P[j]:=p[j+1]
            end if;
            O:=drawArtinGenerator(w[i],P[j],C[abs(w[i])],
                    C[abs(w[i])+1], false);
            D:=D,O;
            P[j]:=P[j]+1;
            P[j+1]:=P[j];
            if k<P[j] then k:=P[j] end if;
            t:=C[abs(w[i])];
            C[abs(w[i])]:=C[abs(w[i])+1];
            C[abs(w[i])+1]:=t
        end do;
        for i to n do if P[i]<k then O:=Strand (i, P[i], k, C[i]);
            D:=D,O end if end do;
        if DisplayOption=true then
            display({D}, axes=none, scaling=unconstrained)
        else
            reture D
        end if
    end proc

# 定义基础辫子
Delta:=proc(n)
    proc (n)
        local s,i;
```

```
        s:=NULL, for i to n−1 do s:=s,seq(j,j=1..n−i) end do;
                s:=[s];
        return evalm (s)
    end proc
```

定义恒等置换

```
IdentityPermutation:=n→ [seq (i,i=1..n)]
```

定义置换右乘

```
MultiplyFromRight:=proc(P,i)
    proc (P,i)
        local g,p;
        p:=P;g:=abs(i); p[g], p[g+1]:=p[g+1], p[g]; return evalm (p)
    end proc
```

置换求逆函数

```
InversePermutation:=proc(p)
    proc (p)
        local i,r;
        r:=vector(vectdim(p),0):  for i to vectdim(p) do r[p[i]]:=i
        end do; return evalm(r)
    end proc
```

恒等置换判断函数

```
IsIdentityPermutation:=proc(P)
    proc (P)
        local i,b;
        for i to vectdim(P) do if i<>P[i] then return false end if end
        do; return true
    end proc
```

置换右因子判断函数

```
IsRightFactorPermutation:=proc(P, i)
    proc (P,i) return evalb(P[i+1]<P[i]) end proc
```

置换左因子判断函数

```
IsLeftFactorPermutation:=proc(P, i)
```

```
    proc (P,i) return IsRightFactorPermutation(InversePermutation
    (P),i)
        end proc
```

辫子字到置换的转换函数
```
WordToPermutation:=proc(W,n)
    proc (W,n)
        local i,p,w;
        w:=W;
        p:=IdentityPermutation(n);
        for i to vectdim(w) do p=MultiplyFromRight(p, abs(w[i]))
        end do;
        return evalm(p)
    end proc
```

单个置换到辫子字的转换函数
```
PermutationToWord:=proc(P)
    proc (P)
        local i,p,w,len;
        p:=P;
        w:=NULL;
        len:=vectdim(P);
        while not IsIdentityPermutation(p) do
            for i to len-1 do
                if IsRightFactorPermutation(p,i) then w:=i,w;p:=
                    MultiplyFromRight(p,i)
                end if
            end do
        end do;
        w:=[w];
        return evalm(w)
    end proc
```

多个置换到辫子字的转换函数
```
PermutationsToWord:=proc(p)
    proc (p)
```

```
    local n,j,k,m,w,u,v,q;
    n:=max(seq (p[i],i=1..vectdim(p)));
    m:=vectdim(p)/n;
    w:=NULL;
    for k to m do
        q:=[seq(p[j],j=1+(k-1)*n..k*n)];
        u:=PermutationToWord(q);
        v:=seq(u[j],j=1..vectdim(u))
        w:=w,v
    end do;
    w:=[w];
    return evalm(w)
end proc
```

置换作图函数
```
drawPermutations:=proc(p,t)
    proc (p,t)
        local A,w,n;
        w:=PermutationsToWord(p);
        n:=max(seq(p[i],i=1..vectdim(p)));
        A:=drawWord(w,n,StrandsColors,false);
        display({A}, axes=none, scaling=unconstrained, title=t)
    end proc
```

下面给出几类辫子的 Artin 生成子表示和辫子图像示例 (表 C.1)。其中，$P_1 \sim$ P_4 为分裂辫子 (split braids)，$P_5 \sim P_{12}$ 为电缆辫子 (cabled braids)，$P_{13} \sim P_{18}$ 为准约简辫子 (quasi-reducible braids)。

表 C.1　典型辫子的 Artin 生成子表示及其图像

编号	Artin 生成子表示辫子图像
P_1	4,3,2,1,7,8,6,5,3,4,2,1,7,5,6,8,2,3,1,4,6,8,5,7,1,2,3,4,8,6,7,5,1,2,3,4,8,5,7,6
P_2	4,3,2,1,6,8,5,7,4,3,2,1,8,6,7,5,4,3,2,1,8,5,7,6,4,2,3,1,7,8,6,5, 2,1,3,4,8,5,6,7,1,2,3,4,5,7,8,6,1,2,3,4,6,8,5,7,1,2,3,4,5,7,8,6
P_3	5,4,3,2,1,10,6,8,7,9,5,4,3,2,1,8,10,6,7,9,4,3,5,2,1, 7,10,6,9,8,1,2,3,4,5,10,8,9,7,6,1,2,3,4,5,9,8,7,10,6
P_4	5,4,3,2,1,6,8,10,7,9,5,4,3,2,1,6,9,8,10,7,1,4,3,2,5,8,10,6,7,9,1,3,2,4,5,9,10,6,8,7, 3,5,1,2,4,6,10,8,7,9,4,5,2,3,1,8,10,7,9,6,1,2,3,4,5,10,7,6,9,8,1,2,3,4,5,9,8,10,6,7
P_5	5,4,3,2,1,5,4,2,3,1,3,2,5,4,1,5,2,1,4,3,5,1,2,3,4,1,2,3,5,4
P_6	6,4,5,3,2,1,6,5,2,3,4,1,3,2,5,6,4,1,6,2,1,5,3,4,6,1,2,3,4,5,1,2,3,4,6,5
P_7	5,4,3,2,1,3,2,1,5,4,2,5,1,4,3,4,3,5,2,1,5,4,2,1,3,5,3,4, 2,1,2,1,4,5,3,1,2,5,3,4,1,3,4,5,2,1,3,2,4,5,1,3,2,4,5

编号	Artin 生成子表示辫子图像
P_8	5,6,4,3,2,1,3,2,1,6,4,5,2,6,1,4,5,3,5,4,6,2,3,1,6,4,5,2,1,3,6,4,5, 2,3,1,3,1,2,5,6,4,1,2,3,6,4,5,1,2,4,5,6,3,1,2,4,3,5,6,1,2,4,3,5,6
P_9	9,8,7,6,5,4,3,2,1,9,8,7,4,3,2,6,1,5,4,9,7,5,6,3,2,8,1,3,8,9,1,2,4,5,6,7
P_{10}	10,9,8,7,5,6,4,3,2,1,10,9,8,5,3,4,2,7,1,6,4,10,7,8,5,6,3,2,9,1,3,9,10,1,2,4,5,6,7,8
P_{11}	9,8,7,6,5,4,3,2,1,9,5,1,4,3,2,8,7,6,7,8,5,6,4,9,2,3,1,1,8,9,2,5,6,3,4,7,1,3,5,6,4,7,8,2,9, 1,8,2,5,3,4,6, 7,9,1,3,5,7,4,6,9,2,8,7,9,4,6,3,5,2,8,1,2,6,9,5,8,7,1,4,4,3,3,2,9,1,6,5,8,4,7
P_{12}	10,9,8,7,6,5,3,4,2,1,10,6,1,2,5,4,3,9,8,7,7,8,9,5,6,4,10,2,3,1,1,9,10, 2,6,7,3,4,5,8,1,3,5,6,7,4,8,9,2,10,1,9,2,6,3,4,5,7,8,10,1,3,5,6,8,4,7, 10,2,9,8,10,5,7,3,4,6,2,9,1,2,6,9,10,5,8,7,1,4,3,3,2,10,1,6,5,9,4,7,8
P_{13}	4,3,1,2,6,8,5,7,3,8,1,2,5,4,7,6,1,3,2,8,4,6,5,7,3,4,2,7,8,1,6,5
P_{14}	4,2,3,1,8,6,7,5,1,3,4,2,8,5,7,6,2,4,1,3,6,8,5,7,2,3,4,1,8,6,7,5, 4,1,2,3,7,6,8,5,3,4,5,2,8,7,1,6,2,4,1,3,5,8,7,6,2,4,8,1,3,7,6,5

编号	Artin 生成子表示辫子图像
P_{15}	5,4,2,3,1,9,6,8,7,10,1,3,5,4,2,6,10,8,7,9,3,6,4,5,2,9,10,1,8,7,5,3,2,4,10,1,7,9,6,8
P_{16}	5,4,3,1,2,10,9,7,8,6,3,4,2,5,1,10,6,8,7,9,5,2,1,3,4,8,10,7,9,6,5,2,3,4,1,6,10,8,9,7, 4,1,3,10,2,6,8,7,9,5,2,4,3,1,6,5,9,7,8,10,5,3,4,2,7,1,6,9,8,10,1,4,3,5,2,8,7,10,6,9
P_{17}	1,3,2,5,4,7,6,9,8,10,1,3,2,5,4,9,7,8,6,10,2,4,3,6,1,10,5,8,7,9,1,3,10,2,5,4,7,6,9,8
P_{18}	2,4,1,3,5,7,6,8,10,9,5,1,3,2,4,7,6,8,10,9,1,3,2,5,4,7, 6,8,10,9,1,3,2,6,5,8,4,7,9,10,1,3,2,4,10,5,7,6,8,9

参 考 文 献

[1] Shannon C. Communication theory of secrecy systems. Bell Systems Technical Journal, 1949, 28(4): 656-715.

[2] Diffie W, Hellman M E. New directions in cryptography. IEEE Transactions on Information Theory, 1976, 22(6): 644-654.

[3] Rivest R L, Shamir A, Adleman L. A method for obtaining digital signatures and public key cryptosystem. Communications of the ACM, 1978, 21(2): 120-126.

[4] Cao Z. A threshold key escrow scheme based on public key cryptosystem. Science in China, 2001, 44(4): 441-448.

[5] Rabin M O. Digital Signatures and Public-Key Functions as Intractible as Factorization. Technical Report, LCS/TR-212. Cambridge: MIT Labrary for Computer Science, 1979.

[6] ElGamal T. A public key cryptosystem and signature scheme based on discrete logarithms. IEEE Transactions on Information Theory, 1985, 31(4): 469-472.

[7] Koblitz N. Elliptic curve cryptosystems. Mathematics of Computation, 1987, 48(177): 203-209.

[8] Menezes A J, Oorschot P C, Vanstone S A. Handbook of Applied Cryptography. Boca Raton: CRC Press, 1997.

[9] Möller V. Uses of elliptic curves in cryptography//Advances in Cryptology-Crypto'85, LNCS 218, 1986: 417-426.

[10] Diffie W, Hellman M E. Multiuser cryptographic techniques//Proceedings of AFIPS, New York, 1976: 109-112.

[11] Mao W. Modern Cryptography: Theory and Practice. London: Prentice Hall, 2003.

[12] Schneier B. Applied Cryptography: Protocols, Algorithms, and Source Code in C. 2nd ed. New York: John Wiley & Sons, 1995.

[13] Rabin M O. Digitalized Signatures, Foundations of Secure Communication. New York: Academic Press, 1978: 155-168.

[14] Schnorr C P. Efficient identification and signature for smart cards//Advances in Cryptology-Crypto'89, LNCS 435, 1990: 239-252.

[15] Schnorr C P. Efficient identification and signature for smart cards. Journal of Cryptography, 1991, 4(3): 161-174.

[16] NIST. Digital Signature Standard (DSS). Federal Information Processing Standards Publication, 2013.

[17] NIST. A Proposed Federal Information Processing Standard for Digital Signature Standard (DSS). Federal Register Announcement, 1991.

[18] NIST. Digital Signature Standard (DSS). Federal Information Processing Standards Publication 186, 1994.

[19] ITU-T. Rec. X.509 (revised) the Directory-Authentication Framework. Geneva: International Telecommunication Union, 1993.

[20] Shamir A. Identity-based cryptosystems and signature schemes//Advances in Cryptology-Crypto'84, LNCS 196, 1984: 47-53.

[21] Feige U, Fiat A, Shamir A. Zero-knowledge proofs of identity. Journal of Cryptography, 1988, 1(2): 62-73.

[22] Fiat A, Shamir A. How to prove yourself: practical solutions to identification and signature problems//Advances in Cryptology-Crypto'86, LNCS 263, 1986: 186-194.

[23] Guillou L, Quisquater J. A "paradoxical" identity-based signature scheme resulting from zero-knowledge//Advances in Cryptology-Crypto'88, LNCS 403, 1990: 216-231.

[24] Okamoto T. Provably secure and practical identification schemes and corresponding signature schemes//Advances in Cryptology-Crypto'92, LNCS 740, 1992: 31-53.

[25] Boneh D, Franklin M. Identity-based encryption from the weil pairing. SIAM Journal of Computing, 2003, 32 (3): 586-615.

[26] Cocks C. An identity based encryption scheme based on quadratic residues// Proceedings of the IMA Conference on Cryptography and Coding 2001, LNCS 2260, 2001: 360-363.

[27] Barreto P. The pairing-based crypto lounge. http://en.wikipedia. org/wiki/pairing-based cryptography[2017-08-22].

[28] Bellare M, Namprempre C, Neven G. Security proofs for identity-based identification and signature schemes//Advances in Cryptology-Eurocrypt'04, LNCS 3027, 2004: 268-286.

[29] Boneh D, Boyen X. Efficient selective-id secure identity based encryption without random oracles//Advances in Crptology-Eurocrypt'04, LNCS 3027, 2004: 223-238.

[30] Canetti R, Halevi S, Katz J. A forward-secure public-key encryption scheme//Advances in Crptology-Eurocrypt'03, LNCS 2656, 2003: 255-271.

[31] Cha J, Choen J. An identity-based signature from gap Diffie-Hellman groups// International Workshop on Practice and Theory in Public Key Cryptography (PKC'03), LNCS 2567, 2003: 18-30.

[32] Gorantla M C, Gangishetti R, Saxena A. A survey on ID-based cryptographic primitives. Cryptography ePrint Archive, Report 2005/094, 2005.

[33] Gentry C, Silverberg A. Hierarchical identity-based cryptography//Advances in Cryptology-Asiacrypt'02, LNCS 2501, 2002: 548-566.

[34] Hess F. Efficient identity based signature schemes based on pairings//Selected Areas in Cryptography-SAC'02, LNCS 2595, 2003: 310-324.

[35] Libert B, Quisquater J. The exact security of an identity based signature and its applications. Cryptology ePrint Archive, Report 2004/102, 2004.

[36] 曹珍富. 公钥密码学. 哈尔滨: 黑龙江教育出版社, 1993.

[37] Goldwasser S, Micali S. Probabilitic encryption and how to play mental poker keeping secret all partial information//Proceedings of STOC'82, San Francisco, 1982: 365-377.

[38] 周渊. 基于授权的一些密码学原语的安全性研究. 上海: 上海交通大学, 2005.

[39] Williams H C. A modification of the RSA public key encryption procedure. IEEE Transactions on Information Theory, 1980, 26(6): 726-729.

[40] Chor B, Goldreich O. RSA/Rabin least significant bits are $\frac{1}{2} + \frac{1}{\text{poly}(\log N)}$ secure//Advances in Cryptology-Crypto'84, LNCS 196, 1984: 303-313.

[41] Goldwasser S, Micali S, Tong P. Why and how to establish a private code on a public network// Proceedings of the 23rd Annual IEEE Symposium on Foundations of Computer Science (FOCS'82), Chicago, 1982: 134-144.

[42] 李大兴，张泽增. 构造安全有效的概率公钥密码体制的一般方法. 计算机学报，1989, 12(10): 721-731.

[43] Naor M, Yung M. Public-key cryptosystems provably secure against chosen ciphertext attacks// Proceedings of STOC'90, Baltimore, 1990: 427-437.

[44] Blum M, Goldwasser S. An efficient probabilistic public-key encryption that hides all partial information//Advances in Cryptology-Crypto'84, LNCS 196, 1984: 289-299.

[45] Goldwasser S, Micali S, Rivest R. A digital signature scheme secure against adaptive chosen-message attacks. SIAM Journal of Computing, 1988, 17 (2): 281-308.

[46] An J, Dodis Y, Rabin T. On the security of joint signature and encrytion//Advances in Cryptology - Eurocrypt'02, LNCS 2332, 2002: 83-107.

[47] Boneh D, Boyen X. Short signatures without random oracles//Advances in Cryptology-Eurocrypt'04, LNCS 3027, 2004: 56-73.

[48] Lieberherr K. Uniform complexity and digital signatures. Theoretical Computer Science, 1981, 16(1): 99-110.

[49] Dodis Y, Katz J, Yung M. Strong key-insulated signature schemes//PKC'03, LNCS 2567, 2003: 130-144.

[50] Dolev D, Dwork C, Naor M. Non-malleable cryptography//Proceedings of STOC'91, New York, 1991: 542-552.

[51] Damgard I. Towards practical public key systems secure against chosen ciphertext attacks//Advances in Cryptology-Crypto'91, LNCS 576, 1991: 445-456.

[52] Zheng Y, Seberry J. Practical approachs to attaining security against adaptively chosen ciphertext attacks//Advances in Cryptology-Crypto'92, LNCS 740, 1992: 292-304.

[53] Zheng Y, Seberry J. Immunizing public key cryptosystems against chosen ciphertext attacks. IEEE Journal on Selected Areas on Communicastions, 1993, 11(5): 715-724.

[54]　Bellare M, Rogaway P. Random oracles are practical: a paradigm for designing efficient protocols// Proceedings of the 1st ACM Conference on Computer and Communication Security (CCS'93), Fairfax, 1993: 62-73.

[55]　Bellare M, Rogaway P. Optimal asymmetric encryption: how to encrypt with RSA//Advances in Cryptology-Eurocrypt'94, LNCS 950, 1994: 92-111.

[56]　Shoup V. OAEP reconsidered//Advances in Cryptology-Crypto'01, LNCS 2139, 2001: 239-259.

[57]　Bellare M, Desai A, Pointcheval D, et al. Relation among notions of security for publickey encryption schemes//Advances in Cryptology-Crypto'98, LNCS 1462, 1998: 26-46.

[58]　Fujisaki E, Okamoto T, Pointcheval D, et al. RSA-OAEP is secure under the RSA assumption//Advances in Cryptology-Crypto'01, LNCS 2139, 2001: 260-274.

[59]　Cramer R, Shoup V. A paratical public key cryptosystem provably secur against adaptive chosen ciphertext attack//Advances in Cryptology-Crypto'98, LNCS 1462, 1998: 13-25.

[60]　Shoup V. Using Hash functions as a hedge against chosen ciphertext attack//Advances in Cryptology - Eurocrypt'00, LNCS 1807, 2000: 275-288.

[61]　Fujisaki E, Okamoto T. Secure integeration of asymmetric and symmetric encryption schemes// Advances in Cryptology-Crypto'99, LNCS 1666, 1999: 537-554.

[62]　Fujisaki E, Okamoto T. How to enhance the security of public-key encryption. IEICE Transactions on Fundamentals, 2000, 83(1): 24-32.

[63]　Shoup V. Sequences of games: a tool for taming complexity in security proofs. Cryptology ePrint Archive: Report 2004/332, 2004.

[64]　Bellare M, Rogaway P. The game-playing technique. http://citeseer.ist.psu.edu/ 719325. html[2017-08-22].

[65]　Shamir A. How to share a secret. Communications of the ACM, 1979, 22(1): 612-613.

[66]　Rivest R, Shamir A, Tauman Y. How to leak a secret//Advances in Cryptology-Asiacrypt'01, LNCS 2248, 2001: 552-565.

[67]　Chaum D, Heyst E. Group signatures// Advances in Cryptology-Eurocrypt'91, LNCS 547, 1991: 257-265.

[68]　Mambo M, Usuda K, Okamoto E. Proxy signatures for delegating signing operation//Proceedings of CCS'96, New York, 1996: 48-57.

[69]　Chaum D. Blind signatures for untraceable payments//Advances in Cryptology-Crypto'82, 1983: 199-203.

[70]　Williams H C. Some Public-key crypto-funtions as intractible as factorization//Advances in Cryptology-Crypto'84, LNCS 169, 1985: 66-70.

[71]　Smith P, Lennon M. LUC: a newpublic key system//Proceedings of the IFIP 9th International Conference on Information Security (IFIP/Sec'93), North-Holland, 1993: 103-117.

[72] Buchmann J, Williams H C. A key-exchange system based on imaginary quadratic fields. Journal of Cryptology, 1988, 1(2): 107-118.

[73] Möller V, Vanstone S, Zuccherato R. Discrete logarithm based cryptosystems in quadratic function fields of characteristic 2. Designs, Codes and Cryptography, 1998, 14: 159-178.

[74] Shor P. Polynomial-time algorithms for prime factorization and discrete logarithms on a quantum computer. SIAM Journal on Computing, 1997, 26(5): 1484-1509.

[75] Kitaev A. Quantum measurements and the abelian stabilizer problem. Preprint, http://arxiv.org/quant-ph/9511026, 1995.

[76] Proos J, Zalka C. Shor's discrete logarithm quantum algorithm for elliptic curves. Quantum Information and Computation, 2003, 3(4): 317-344.

[77] Ajtai M, Dwork C. A public-key cryptosystem with worst-case/average-case equivalence//Proceedings of STOC'97, EI Paso, 1997: 284-293.

[78] Lee E. Braig groups in cryptography. IEICE Transactions on Fundamentals, 2004, 87(5): 986-992.

[79] Anshel I, Anshel M, Goldfeld D. An algebraic method for public-key cryptography. Mathematical Research Letters, 1999, 6(3): 287-292.

[80] Ko K H, Lee S J, Cheon J H, et al. New public-key cryptosystem using braid groups//Advances in Cryptology-Crypto'00, LNCS 1880, 2000: 166-183.

[81] Paeng S H, Kwon D, Ha K C, et al. Improved public key cryptosystem using finite non-abelian groups. Cryptology ePrint Archive, Report 2001/066, 2001.

[82] Grigoriev D, Ponomarenko I. On non-abelian homomorphic public-key cryptosystems. Preprint, http://arxiv.org/cs.CR/0207079, 2002.

[83] Shpilrain V, Ushakov A. Thompson's group and public key cryptography. Preprint. http://arxiv.org/math.GR/0505487, 2005.

[84] Dehornoy P. Using shifted conjugacy in braid-based cryptography. Preprint, http://arxiv.org/abs/cs/0609102, 2006.

[85] Gligoroski D. Candidate one-way functions and one-way permutations based on quasigroup string transformations. Preprint, http://arxiv.org/abs/cs/0510018, 2005.

[86] Cao Z, Dong X, Wang L. New public key cryptosystems using polynomials over noncommutative rings. Cryptology ePrint Archive, Report 2007/009, 2007.

[87] Anshel I, Anshel M, Fisher B, et al. New key agreement protocols in braid group cryptography// Cryptographers' Track at RSA Conference (CT-RSA'01), LNCS 2020, 2001: 1-15.

[88] Ko K H, Choi D H, Cho M S, et al. New signature scheme using conjugacy problem. Cryptography ePrint Archive, Report 2002/168, 2002.

[89] Sibert H, Dehornoy P, Girault M. Entity authentication schemes using braid word reduction. Cryptology ePrint Archive, Report 2002/187, 2002.

[90] Cha J C, Ko K H, Lee S J, et al. An efficient implementation of braid groups//Advances in Cryptology-Asiacrypt'01, LNCS 2248, 2001: 144-156.

[91] Cheon J H, Jun B. A polynomial time algorithm for the braid Diffie-Hellman conjugacy problem//Advances in Cryptology-Crypto'03, LNCS 2729, 2003: 212-225.

[92] Myasnikov A, Shpilrain V, Ushakov A. A practical attack on a braid group based cryptographic protocol//Advances in Cryptology-Crypto'05, LNCS 3621, 2005: 86-96.

[93] Garber D, Kaplan S, Teicher M, et al. Length-based conjugacy search in the braid group. Preprint, http://arxiv.org/abs/math.GR/0209267, 2002.

[94] Hofheinz D, Steinwandt R. A practical attack on some braid group based cryptographic primitives//PKC'03, LNCS 2567, 2002: 187-198.

[95] Hughes J. The left SSS attack on Ko-Lee-Cheon-Han-Kang-Park key agreement scheme in B_{45}//Rump session of Crypto'00, Berlin, 2000.

[96] Hughes J. A linear algebraic attack on the AAFG1 braid group cryptosystem//Advances in Cryptology-ACISP'02, LNCS 2384, 2002: 176-189.

[97] Hughes J, Tannenbaum A. Length-based attacks for certain group based encryption rewriting systems. Preprint, http://arxiv.org/abs/cs.CR/0306032, 2003.

[98] Myasnikov A G, Shpilrain V, Ushakov A. Random subgroups of braid groups: an approach to cryptanalysis of a braid group based cryptographic protocol//Proceedings of the 9th International Conference on Theory and Practice of Public-Key Cryptography, New York, 2006:302-314.

[99] Lee E, Park J H. Cryptanalysis of the public key encryption based on braid groups//Advances in Cryptology-Eurpcrypt'03, LNCS 2656, 2003: 477-490.

[100] Myasnikov A, Ushakov A. Length based attack and braid groups: cryptanalysis of Anshel-Anshel-Goldfeld key exchange protocol//PKC'07, LNCS 4450, 2007: 76-88.

[101] ElRifai E A, Morton H R. Algorithms for positive braids. Quarterly Journal of Mathematics, 1994, 45(2): 479-497.

[102] Franco N, Gonzalez-Meneses J. Conjugacy problem for braid groups and Garside groups. Journal of Algebra, 2003, 266(1): 112-132.

[103] Gebhardt V. A new approach to the conjugacy problem in Garside groups. Preprint, http://arxiv.org/abs/math.GT/0306199, 2003.

[104] Gebhardt V. Conjugacy search in braid groups: from a braid-based cryptography point of view. Applicable Algebra Engineering Communication Computing, 2006, 17(314): 219-238.

[105] Anshel I, Anshel M, Goldfeld D. Non-abelian key agreement protocols. Discrete Applied Mathematics, 2003, 130(1): 3-12.

[106] Anshel I, Anshel M, Goldfeld D. A linear time matrix key agreement protocol over small finite fields. Applicable Algebra Engineering Communication Computing, 2006, 17(314): 195-203.

[107] Ding Y, Tian H, Wang Y. An improved signature scheme based on the braid group. Journal of Xidian University, 2006, 33(1): 50-61.

[108] Thomas T, Lal A K. Undeniable signature schemes using braid groups. Preprint, http://arxiv.org/cs.CR/0601049, 2006.

[109] Thomas T, Lal A K. Group signature schemes using braid groups. Preprint, http://arxiv.org/cs.CR/0602063, 2006.

[110] Gonzales-Meneses J. Improving an algorithm to solve the multiple simultaneous conjugacy problems in braid groups. Preprint, http://arxiv.org/abs/math.GT/0212150, 2002.

[111] Lee S J, Lee E K. Potential weakness of the commutator key agreement protocol based on braid groups// Advances in Cryptology-Eurocyrpt'02, LNCS 2332, 2002: 14-28.

[112] Dehornoy P. Braid-based cryptography. Contemporary Mathematics, 2004, 360(7): 5-33.

[113] Bigelow S. The Burau representation is not faithful for $n = 5$. Geometry and Topology, 1999, 3(1): 397-404.

[114] Maffre S. A weak key test for braid based cryptography. Designs, Codes, and Cryptography, 2006, 39(3): 347-373.

[115] Borovik A V, Myasnikov A G, Shpilrain V. Measuring sets in infinite groups. Mathematics, 2002, 47(4): 21-42.

[116] Vershik A, Nechaev S, Bibkov R. Statistical properties of locally free groups with applications to braid groups and growth of random heaps. Communications in Mathematical Physics, 2002, 212(2): 469-501.

[117] Lee E, Lee S J, Hahn S G. Pseudorandomness from Braid Groups//Advances in Cryptology- Crypto'01, LNCS 2139, 2001: 486-502.

[118] Dehornoy P. Part of the Progress in Mathematics Book Series. Basel: Birkhauser, 2000: 192.

[119] Artin E. Theory of braids. Annals of Mathematics, 1947, 48(1): 101-126.

[120] Birman J, Ko K H, Lee S J. A new approach to the word and conjugacy problems in the braid groups. Advances in Mathematics, 1998, 139(2): 322-353.

[121] Garside F A. The braid group and other groups. Quarterly Journal of Mathematics Oxford, 1969, 20(1): 235-254.

[122] Birman J, Ko K H, Lee S J. The infimum, supremum, and geodesic length of a braid conjugacy class. Advances in Mathematics, 2001, 164(1): 41-56.

[123] Feder E. Algorithmic problems in the braid group. http://arxiv.org/abs/math.GR/0305205, 2003.

[124] Han K H, Ko J W. Positive presentations of the braid groups and the embedding problem. Preprint, http://arxiv.org/abs/math/0103132, 2001.

[125]   Thurston W. Finite State Algorithms for the Braid Group. Boca Raton: CRC Press, 1988.

[126]   Sibert H. Extraction of roots in Garside groups. Communications in Algebra, 2002, 30(6): 2915-2927.

[127]   Gonzales-Meneses J. The n-th root of a braid is unique up to conjugacy. Algebraic & Geometric Topology, 2003, 3: 1103-1118.

[128]   Paterson M S, Razborov A A. The set of minimal braids is co-NP-complete. Journal of Algorithms, 1991, 12: 393-408.

[129]   Shpilrain V, Zapata G. Combinatorial group theory and public key cryptography. Preprint, http://arXir.org/math.GR/0410068, 2004.

[130]   Lyndon R C, Schupp P E. Combinatorial Group Theory. Berlin: Springer, 1977.

[131]   Miller C F. Decision problems for groups-survey and reflections//Baumslag G, Miller C F. Algorithms and Classification in Combinatorial Group Theory. Berlin: Springer, 1992: 1-59.

[132]   Rabin M O. How to Exchange Secrets by Oblivious Transfer. Technical Report, TR-81. Aiken: Harvard Aiken Computation Laboratory, 1981.

[133]   Blum M. Coin flipping by telephone: a protocol for solving impossible problems//Proceedings of 24th IEEE Computer Conference, San Francisco, 1981: 133-137.

[134]   Crépeau C. Cryptographic primitives and quantum theory//Workshop on Physics and Computation, New York, 1992: 200-204.

[135]   Bennett C H, Brassard G. Quantum cryptography: public key distribution and coin tossing// Proceedings of IEEE International Conference on Computers, Systems, and Signal Processing, New York, 1984: 175-179.

[136]   Chaum D. Demonstrating that a public predicate can be satisfied without revealing any information about how//Advances in Cryptology-Crypto'86, LNCS 263, 1987: 195-199.

[137]   Chen X, Mao J, Wang Y. A new secure vickrey auction protocol. Acta Electronica Sinica, 2002, 30(4): 471-472.

[138]   Zheng D, Zhang T, Chen K, et al. Lottery scheme based on bit commitment. Acta Electronica Sinica, 2000, 28(10): 141-142.

[139]   Zhong M, Yang Y. A partial blind signature scheme based on bit commitment. Journal of China Institiute of Communications, 2001, 22(9): 1-6.

[140]   Halevi S, Micali S. Practical and provably secure commitment schemes from collision free Hashing// Advances in Cryptology-Crypto'96, Berlin: Springer, 1996, 201-215.

[141]   Anshel M. Braid group cryptography and quantum cryptoanalysis//Proceedings of the 8th International Wigner Symposium, New York, 2003: 13-27.

[142]   Krammer D. Braid groups are linear. Annals of Mathematics, 2002, 155(1): 131-156.

[143] Aharonov D, Ta-Shma A, Vazirani U, et al. Quantum bit escrow//Proceedings of the 32nd Annual ACM Symposium on Theory of Computing (STOC'00), Portland, 2000, 705-714.

[144] Kent A. Quantum bit string commitment. Physical Review Letters, 2003, 90: 1-4.

[145] Chu C K, Tzeng W G. Efficient k-out-of-n oblivious transfer schemes with adaptive and non-adaptive queries//PKC'05, LNCS 3386, 2005: 172-183.

[146] Syverson P. Weakly secret bit commitment: applications to lotteries and fair exchange// Proceedings of the 11th IEEE on Computer Security Foundations Workshop (CSFW'98), Rockport, 1998: 2-13.

[147] Kobayashi K, Morita H, Hakuta M, et al. An electronic soccer lottery system that uses bit commitment. IEICE Transactions on Information Systems, 2000, 83(5): 980-987.

[148] Bellare M, Namprempre C, Pointcheval D, et al. The one-more-RSA-inversion problems and the security of chaum's blind signature scheme. Journal of Cryptology, 2003, 16(3): 185-215.

[149] Micali S, Rivest R L. Transitive signature schemes//CT-RSA 2002, LNCS 2271, 2002: 236-243.

[150] Wang L, Cao Z, Zheng S, et al. Transitive signatures from braid groups//Indocrypt 2007, LNCS 4859, 2007: 183-196.

[151] Chaum D. Blind signatures for untraceable payments//Proceedings of Crypto'82, New York, 1983: 199-203.

[152] Chaum D, Fiat A, Naor M. Untraceable electronic cash//Proceedings of Crypto'88, LNCS 403, 1989: 319-327.

[153] Bellare M, Namprempre C, Pointcheval D, et al. The power of RSA inversion oracles and the security of Chaum's RSA blind signature scheme//Financial Cryptography'01, LNCS 2339, 2001.

[154] Juels A, Luby M, Ostrovsky R. Security of blind digital signatures//Crypto'97, LNCS 1294, 1997: 150-164.

[155] Pointcheval D, Stern J. Provably secure blind signature schemes//Asiacrypt'96, LNCS 1163, 1996: 252-265.

[156] Pointcheval D, Stern J. New blind signatures equivalent to factorization//Proceedings of the 4th CCS, New York, 1997: 92-99.

[157] Pointcheval D, Stern J. Security arguments for digital signatures and blind signatures. Journal of Cryptology, 2000: 13(3): 361-396.

[158] Schnorr C P. Security of blind discrete log signatures against interactive attacks//ICICS'01, 2001: 1-12.

[159] Zhang F, Kim K. Apparatus and method for generating and verifying ID-based blind signature by using bilinear parings: 20040139029.

[160] Verma G K. Blind signature scheme over braid groups. Cryptology ePrint Archive, Report 2008/027, 2008.

[161] Paeng S H, Ha K C, Kim J H, et al. New public key cryptosystem using finite non Abelian groups// Advances in Cryptology-Crypto'01, LNCS 2139, 2001: 470-485.

[162] Shpilrain V, Ushakov A. A new key exchange protocol based on the decomposition problem. Preprint, http://arxiv.org/math.GR/0512140, 2005.

[163] Maze G, Monico C, Rosenthal J. Public key cryptography based on semigroup actions. Preprint, http://arxiv.org/cs.CR/0501017, 2005.

[164] Shpilrain V. Assessing security of some group based cryptosystems. Preprint. http://arXir.org/math.GR/0311047, 2003.

[165] Erick B, Kahrobaei D. Polycyclic groups: a new platform for cryptology. Preprint, http://arxiv.org/math.GR/0411077, 2004.

[166] Stern J. Cryptography and the methodology of provable security//AAECC 2003, LNCS 2643, 2003: 1-5.

[167] Goldreich O. Foundation of Cryptography-Basic Tools. New York: Cambridge University Press, 2001.

[168] Yao A C. Theory and applications of trapdoor functions//Proceedings of FOCS'82, Chicago, 1982: 80-91.

[169] Canetti R, Goldreich O, Halevi S. The random oracle methodology, revisited//Proceedgins of STOC'98, Pallas, 1998: 209-218.

[170] Bellare M, Rogaway P. The exact security of digital signatures: how to sign with RSA and Rabin// Advances in Cryptology-Eurocrypt'96, LNCS 1070, 1996: 399-416.